林育真简介

　　1937年生，山东师范大学教授，研究生导师，多年担任动物学硕士研究生点专业负责人，长期从事动物生态学及动物地理学的教学与研究。个人撰写、译著及参编出版图书26部，在国内外发表论文52篇。曾通过国家级德语达标考试（GPT），得到国家教育部、德国学术交流中心（DAAD）及德方大学的资助，多次公派赴德国实施并完成多项国际合作研究课题，部分研究获省级奖励。一贯热心科普工作，致力于科普创作，获山东省第二届优秀科普书及科普短文两项一等奖。曾先后被国务院及民盟中央表彰为全国先进工作者。现为中国科普作协会员，山东省青少年科普专家团成员。

超能力神奇蜘蛛

图 文

林育真

林育真 许士国

王林钢 张进 徐蕊

山东教育出版社

·济南·

前　言

长期以来，在人类当中蜘蛛没有多少朋友，人们见到蜘蛛的第一反应：有人惊叫一声赶快跑开；有人立即踩扁了蜘蛛；偶尔有人停在那儿看蜘蛛结网，这已算是对待蜘蛛的一种比较明智的选择。人们不能友好地对待蜘蛛，根本原因在于对蜘蛛的了解太少。

是啊，平常人们见到的蜘蛛，大多又小又丑，灰不溜秋。蜘蛛真的都很丑陋吗？绝不是！其实，自然界里绚丽多彩的蜘蛛种类不胜枚举，一点儿也不比那些最漂亮的昆虫和热带鱼逊色！

很多人认为蜘蛛是无足轻重的小动物，除了会吐丝织网黏捕小虫，并没有什么大本事！这种看法更是大错特错。蜘蛛是地球上最成功的掠食动物之一，拥有各种傲人的"武器"和"技能"，有能迅速分泌用来毒昏猎物的毒液，还能喷吐出比钢丝还要坚韧的蛛丝，有像人手指一样灵活的附肢，有堪比枪矛尖利的足爪。几乎所有蜘蛛都吃鲜活动物，它们有本事天天吃肉喝汤！

你想过吗？风靡全球的影视作品《蜘蛛侠》，作者的创作灵感无疑来自蜘蛛；法国工程师创作了"机械龙马"和"机械蜘蛛"，龙马是神兽，科学家为什么选择蜘蛛来和龙马"过招"，然后还成为"伙伴"？ 就因为蜘蛛具有神奇的超能力，是一类如同有魔法附身的奇异动物，蜘蛛完全有资格与龙马同台竞技！

蜘蛛分布很广，地球上除了南极洲以外，其他六个大洲都有蜘蛛家族的成员生活。森林、草原、山地、荒漠都有蜘蛛生活。许多种类的蜘蛛是常见动物，它们活跃在农田、菜地、果园和庭院中，有些甚至侵入人类的住宅。每个人总有机会见到蜘蛛。

蜘蛛虽起源古老，然而生存能力超强，至今家族依然繁盛，种类众多，目前全球有记载的蜘蛛达4万多种。近些年来，一些超酷超炫、神奇怪异的蜘蛛物种不断被发现，它们的生存方法、捕食绝技、神奇魔力、高经济价值和科研学术意义，日益受到人们的瞩目。

蜘蛛到底是怎样的一类动物？蜘蛛身体结构的特点是什么？蜘蛛爱吃什么？为什么小小蜘蛛能够吃下比自身大好几倍的猎获物？不同类型蜘蛛各有怎样独特的捕食方法？结网蜘蛛靠什么谋生过日子？万千蛛网各有何种特色？游猎蜘蛛靠什么杀敌无数？蜘蛛"以小搏大"诀窍何在？身居洞穴的蜘蛛怎样得知洞外的信息？谁是发现捕鸟蛛的第一人？还有，蜘蛛家族为何兴旺发达、恒久不衰？蜘蛛和人类有着怎样的密切关系？为什么说蜘蛛是人类的好朋友？蜘蛛超高经济价值的开发前景在哪里？

以上问题，通过阅读学习本书，相信你能够得到科学、全面的解答。

让我们从认识自然界的蜘蛛入手，保护蜘蛛，保护人类的地球家园！

这本书能够与读者见面，首先要衷心感谢为本书提供原图的绘制者和摄影者以及有关参考资料的作者；感谢山东教育出版社的积极支持和出版安排。尽管著作者努力遵循科普创作的原则要求，在书稿的科学性、知识性及趣味性方面下了工夫：广泛选材，构建体系，精心打造，反复加工，但限于本身的知识积累和创作水平，难免会有缺点和不足之处，欢迎读者批评指正。

林育真

2017.7

三、神通广大的游猎蜘蛛　　　　　　　38

四、"别有洞天"的穴居蜘蛛　　　　　　　55

五、传宗接代也靠蛛丝　　　　64

六、兴旺发达的蜘蛛家族　　　　76

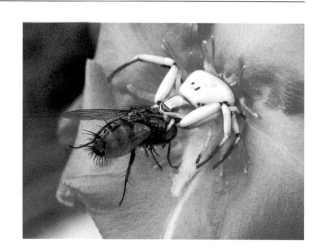

一　动物界的另类

---

1. 蜘蛛与昆虫，区别在哪里？

许多种类蜘蛛的大小和一般昆虫差不多，它们的身体分节，附肢（例如步足）同样也分节，体表都有坚硬的外壳（称为外骨骼）保护着。由于具有这些共同特征，所以蜘蛛和昆虫同属于节肢动物。

那么，蜘蛛和昆虫是近亲吗？不，只要认真观察就会发现，蜘蛛和昆虫的区别很明显：昆虫头部都有2根触角，成体昆虫胸部还有2对翅、6条腿；而蜘蛛既没有触角也没有翅，腿则是8条。蜘蛛身体呈圆形或椭圆形，分为头胸部和腹部两部分，腹部外观不分节；而昆虫身体分为头部、胸部和腹部三部分，腹部分节明显（图1）。

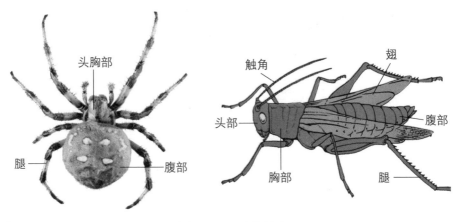

图1　蜘蛛和昆虫（如蝗虫）外形对比，它们的模样差远了！

蜘蛛和昆虫不但身体外形差别明显，它们的内部构造、生理功能和生态习性也有很多不同。按照动物分类原则，蜘蛛不属于昆虫类，属于蛛形类。

现今全世界蜘蛛家族成员有4万多种，它们由大约4亿年前的原始蛛形类祖先进化繁衍而来。要说哪类动物和蜘蛛沾亲带故，就起源来说，蝎子才是蜘蛛的近亲，蜘蛛和昆虫虽然都属于节肢动物，但只能算是远亲。

蜘蛛头胸部有6对附肢，第一对在嘴的前面，叫螯肢；第二对在嘴的两边，叫触肢；其余四对叫作步足（就是腿），步足上生有软毛和感觉毛，足的末端有脚爪（图2）。

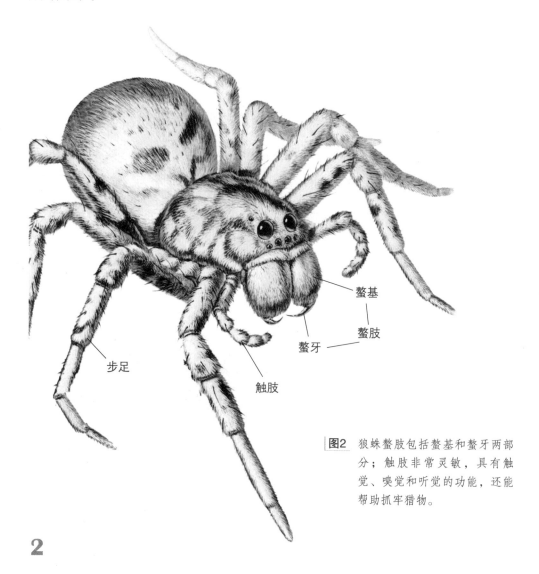

步足

螯基

螯肢

螯牙

触肢

图2 狼蛛螯肢包括螯基和螯牙两部分；触肢非常灵敏，具有触觉、嗅觉和听觉的功能，还能帮助抓牢猎物。

蜘蛛的眼全属单眼。织网捕食蜘蛛通常眼睛小，视力差；游猎捕食蜘蛛大多眼大明亮，视觉发达。不同种类蜘蛛眼睛数目不同，有8只眼、6只眼、4只眼或只有2只眼的蜘蛛，科学家还发现过一种完全无眼的盲蛛。也有报道过10～12只眼的蜘蛛，不过非常罕见。平常我们见到的大多为8只眼的蜘蛛（图3）。

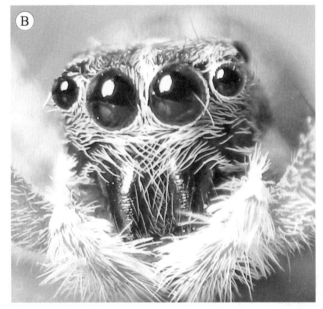

蜘蛛的消化器官：口后为肌肉发达的咽，咽通往食道，食道之后是位于头胸部中央的一个囊状吮吸胃。吮吸胃由强大的伸缩肌控制，肌肉的收缩和舒张使胃囊具有如同"抽水泵"的作用，吮吸胃也

图3　蜘蛛的眼睛：（A）狼蛛的8只眼呈前、中、后三列；（B）跳蛛8只眼排列成环状。

因此得名。蜘蛛不能吃固体食物，靠吮吸胃吸食被捕动物身体溶化成的肉羹汁液生活。

蜘蛛有气管和书肺两种呼吸器官，通过气门与外界相通。马氏管是蜘蛛的排泄器官。脑、心脏、肝脏等都是蜘蛛不可缺少的重要内脏器官（图4）。

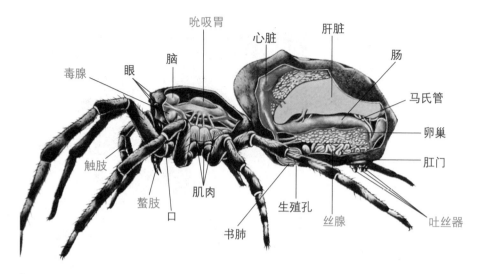

毒腺　眼　脑　吮吸胃　心脏　肝脏　肠　马氏管　卵巢　肛门

触肢　螯肢　口　肌肉　书肺　生殖孔　丝腺　吐丝器

图4 蜘蛛身体内部结构。标注红色字的为蜘蛛类特有或重要的器官，包括头胸部的毒腺和腹部的丝腺及一个吮吸胃和一套吐丝器。

蜘蛛身体结构有两大特点，就是具有毒腺和丝腺。毒腺能够分泌毒液，丝腺能够分泌丝液。毒液通过螯肢导出，丝液通过吐丝器喷出。

无论就身体构造还是生态习性来看，蜘蛛都属于动物界的另类。蜘蛛依靠自己奇特的身体结构，一生全靠捕食其他鲜活动物填饱肚子，从不吃动物尸体或腐肉（图5）。小小蜘蛛竟然有大大能耐把抓捕到的活生生的动物吃进肚子里，它们是怎样做到的呢？

图5 一只漂亮的蜘蛛将要享用自己捕到的鲜活美味。

2. 蜘蛛靠什么吃肉喝肉汤?

长期以来, 不论人们日常所见还是经学者研究得知, 蜘蛛捕食多种昆虫, 有些蜘蛛还捕食其他种类蜘蛛, 部分个头较大及毒性较强的凶猛蜘蛛有时还能捕食蝎子、蛙类、蜥蜴、小鼠、小蛇甚至小鸟等动物。因此, 在传统观念中人们认为, 所有蜘蛛都是肉食性动物。令人惊奇的是, 最近美国研究人员发现了一种"素食蜘蛛", 尽管这只是极个别特例, 却足以颠覆人们对蜘蛛食性的固有认知。

蜘蛛靠蛛网黏住或用附肢抓到猎物以后, 怎样把不停挣扎的猎物搞定? 这就要说到蜘蛛头部的螯肢和触肢。螯肢基部膨大部分称为螯基, 末端尖利部分称为螯牙。螯牙中间为空管状, 一端连通到毒腺, 其作用如同注射器针管, 其末端就是毒液出口。蜘蛛毒腺分泌的毒液, 经由螯牙导出并迅速注入被捕动物体内(图6)。

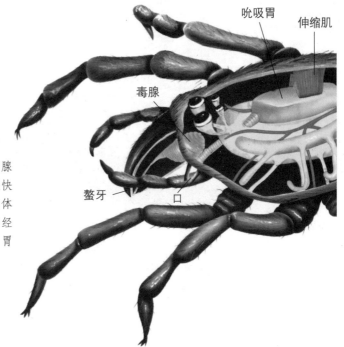

图6 蜘蛛头胸部解剖图。毒腺离螯牙很近, 毒液能很快地从螯牙注入被捕动物体内。食物通过蜘蛛的口经咽、食道到达吮吸胃。胃部有发达的伸缩肌。

5

蜘蛛的触肢都分为6节，但长短及形态随种类而不同。它就像蜘蛛嘴边的两条"胳膊"，能灵活地伸展、弯曲或转动。蜘蛛捕捉猎物时，触肢帮助抓牢猎物，螯牙快速刺进猎物体内并注入蜘蛛特有的毒液，致使被刺动物抽搐、麻痹甚至昏迷不醒，失去反抗能力，最后只能服服帖帖任由蜘蛛摆布（图7）。

蜘蛛不能吃固体食物，只能喝液体汤汁。那么，蜘蛛靠什么把被捕动物吃进肚子里？靠什么吃肉喝肉汤？

对于蜘蛛来说，品尝肉食并不费事，只要用口向被捕猎物体内注入含消化酶的消化液，被麻痹动物的肌肉组织及内脏器官便全都迅速溶解、液化，变成一听高蛋白"液体罐头"，接着蜘蛛依靠伸缩能力很强的吮吸胃，通过口、咽和食道将猎物肉体溶化成的高营养液汁吸进胃肠内，吸得最后只剩外壳才丢弃。这种消

图7 双翅发达的飞虫，被突然袭击的蟹蛛螯牙刺中要害而毒晕，无法飞逃，成为蟹蛛的一顿美餐。

图8 一只比蜘蛛大好多倍的飞蝉，竟然沦为小蜘蛛的战利品。

化方式称为"体外消化"。靠这种巧妙的吃法，蜘蛛不仅能够吃肉喝汤，还能吃下比它自身大好几倍的猎获物（图8）。

蜘蛛大都有毒腺，且都能分泌毒液。毒液的毒性对蜘蛛捕食起到关键作用。不同种类蜘蛛毒液的毒性强弱不同，因此，它们可能捕获猎物的种类和大小也不相同。蜘蛛所捕食的猎物包括昆虫、蠕虫或他种蜘蛛以及蜥蜴、蝎子、小鼠、蛇类等。

不过，大多数种类蜘蛛的毒液对人类并无明显毒性。在全世界4万多种蜘蛛中，只有大约200种偶尔会咬人，其中只有极少数几类的蛛毒有可能造成伤亡，如美洲黑寡妇蜘蛛、巴西漫游蜘蛛、澳大利亚赤背蜘蛛、悉尼漏斗网蜘蛛等。

毫无疑问，蜘蛛家族特有的毒腺和毒液，对它们的捕食生活以及种族的生存发展至关重要，这也是蜘蛛具有超能力的基础条件之一。

3. 令人称奇的丝腺和蛛丝

在蜘蛛家族中，除了特殊的盲蛛类以外，其他蜘蛛体内都有丝腺。丝腺是蜘蛛专门用来分泌蛛丝的腺体。具有丝腺和分泌蛛丝是蜘蛛家族突出的共同特征之一（图9）。

蛛丝的化学成分是丝蛋白。科学家研究得知：原始蜘蛛类仅有两种丝腺，随着地质历史的推移，蜘蛛丝腺不断演化发展。最新研究成果显示：蜘蛛体内有6至8种类型不同的丝腺，有壶状腺、葡萄状腺、梨形腺、管状腺、鞭状腺、集合腺、叶状腺、筛状腺。其中，管状腺存在于大多数种类雌蜘蛛中，集合腺存在于部分

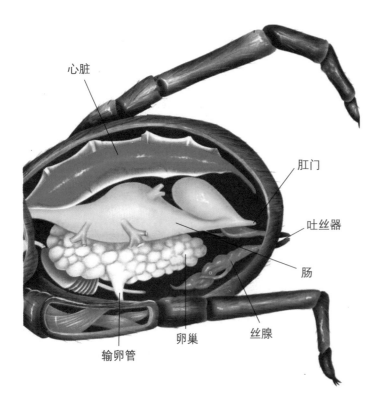

心脏

肛门

吐丝器

肠

丝腺

卵巢

输卵管

图9 蜘蛛腹部解剖图。成对丝腺位于蜘蛛圆鼓鼓腹部的两侧。丝腺连通到肛门附近的吐丝器。

图10 这只艳丽的蜘蛛正在吐丝织网，一股股细丝汇聚成"束"，从吐丝器吐出（见红色箭头
所指）。

种类蜘蛛中，叶状腺仅存在于球腹蛛中，筛状腺只存在于筛蛛类中。各种蜘蛛拥
有丝腺的类型、数量及其所在位置、形状有所不同。

　　丝腺在蜘蛛体内分泌液态丝液，喷吐到体外才凝为固态的蛛丝（图10）。

　　不同类型丝腺能够分泌结构不同及用途不一的丝。丝腺的大小和数量，随幼
蛛的成长而逐渐增大和增多。不同丝腺经不同"纺管"纺出不同形态结构的丝，
其粗细不同，黏性有差异，颜色也呈现多样性，使得蜘蛛能更好地适应不同的生
存环境。

　　每种蜘蛛至少能分泌三种丝——较粗的拖丝、黏性的网丝和特别抗拉的护
丝，分别适用于不同的用途。拖丝是蜘蛛由一个地点去到另一地点时腹部所拖带
的丝，蜘蛛下垂时的悬挂丝及织网的框架丝等属于拖丝。拖丝一般由两根或数根
蛛丝结合而成。蛛丝富有弹性并含有胶质。蛛丝的形状可能是错综复杂的"纱
线"，或者看起来只是一团"乱丝"。蛛丝虽然细微，却有神奇的魔力，具有多

图11 在这张蜘蛛吐丝编织的网上可以看到框架丝、螺旋丝和辐射丝。框架丝和辐射丝是不黏的行走丝，螺旋丝才是黏捕丝。

种不同的生物学功能（图11）。

蜘蛛在地球上出现以来，经历了很长时间的进化，分化出粗细不同、黏性不一、强度有别甚至颜色各异的蛛丝。蜘蛛不断地选择、优化并充分利用不同结构和功能的蛛丝，例如框架丝、黏捕丝、行走丝、安全丝、逃逸丝、护卵丝等，从而使它们在生存竞争中获得极大的成功。

各种蜘蛛利用自己分泌的丝进行捕食、防卫、交配和抚育幼蛛，无论是蜘蛛的捕虫网还是丝织的隐蔽所、休息处、产室、蜕皮室、越冬室，或是母蛛用来包裹保护卵的丝囊以及雄蛛交配前织成的精网，还有幼蛛用来飞航的游丝等，都要用到蛛丝，都是由蜘蛛丝腺分泌丝液喷吐为蛛丝再编织而成的。

具有丝腺和在生活中广泛利用蛛丝，这也是蜘蛛拥有超能力的基础条件之一。

4. 天然纺织机——吐丝器

在著名神魔小说《西游记》中，作者笔下盘丝洞的蜘蛛精能从肚脐眼处喷出丝绳来。要知道，真正的蜘蛛可没有肚脐眼。那么，蜘蛛从哪里吐出蛛丝来呢？

原来，蜘蛛的丝全都是由叫作"吐丝器"的结构吐出来的（图12）。吐丝器是指蜘蛛肛门附近的一些"突起"，这些突起可不简单，每个突起就是一个"喷丝头"。各种蜘蛛的吐丝器都含有多个喷丝头。蜘蛛体内丝腺分泌的丝液，就经由吐丝器的这些喷丝头而喷出体外，喷出的丝液一遇到空气立即凝结成一条条固态的丝。

蛛丝看起来很像纺出的丝线，因此，吐丝器又被称为"纺绩器"，喷丝头又称"纺管"。吐丝器是蜘蛛"纺丝织网"不可缺少的身体部件（图13）。

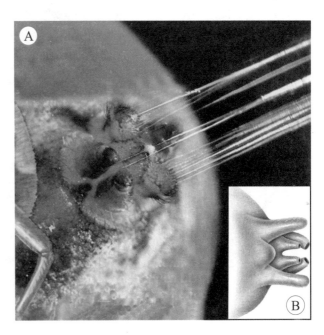

图12 图（A）中蜘蛛的吐丝器正在喷吐蛛丝；图（B）表示排成三列的喷丝头，分别叫前纺管、中纺管和后纺管。每个喷丝头上有很多细小的"喷丝孔"，因此，可能有好几股甚至几十股纤细的丝液同时喷出。一根蛛丝可能由好几根非常纤细的细丝合成。

图13 一种产于亚洲地区的长纺蛛。这种蜘蛛腹部后面好像多了两条腿，其实那不是腿，而是一对特别长而且分节的喷丝头，这类蜘蛛也因此得名。记住，所有蜘蛛都是8条腿动物，多余的附肢并不是腿。

　　不同种类蜘蛛吐丝器的喷丝头数目是不一样的。大多数种类蜘蛛吐丝器有6个喷丝头，部分种类只有4个或2个，少数原始种类有8个喷丝头。

　　令人惊奇不已的是，蜘蛛的吐丝器由大脑控制，能依据不同用途和需要喷出不同类型蛛丝，例如织网丝、捆绑丝、报警丝或安全逃逸丝以及护卵丝等（图14）。

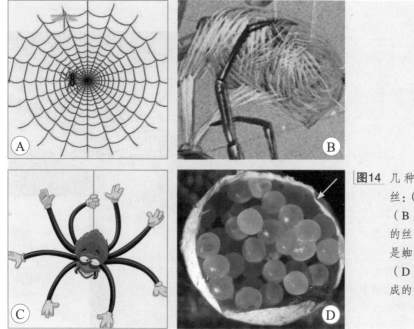

图14 几种不同用途蛛丝：（A）织网丝；（B）捆绑猎获物的丝；（C）逃逸丝是蜘蛛的救命线；（D）由护卵丝织成的卵囊外皮。

蛛丝是由丝腺中的液态蛋白经吐丝器这种特殊精巧"装置"而抽出的固态蛋白纤维。蜘蛛是产丝和用丝的高手，蜘蛛丝伴随着蜘蛛的一生，蜘蛛丝在蜘蛛的生活中起着无可比拟的重要作用。

5. 蜘蛛家族的三大捕猎类型

蜘蛛要吃饱喝足，就得亲自捕猎鲜活的动物，生存竞争使得蜘蛛进化成为捕猎高手。蜘蛛种类成千累万，捕猎的方式和"工具"也因种而不同，整个蜘蛛家族有多种多样的捕猎类型（图15）。

俗话说"靠山吃山"，对于蜘蛛来说，就是"靠蛛丝吃蛛丝"。各种蜘蛛都产丝，不过，怎样利用丝却各有招数。人们平常见到的大多为结网捕虫的蜘蛛，实际上，自然界中不结捕虫网的游猎蜘蛛种类也很多。

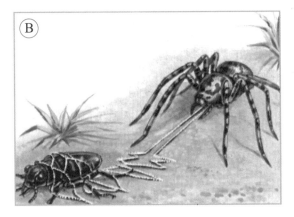

图15 三种生态类型蜘蛛：（A）结网蜘蛛；（B）游猎蜘蛛；（C）洞穴蜘蛛。

按照蜘蛛捕猎的方式，研究者把它们分为"结网捕食"和不结网"游猎捕食"两大类。结网捕食蜘蛛又称定居型蜘蛛，它们都要织捕虫网，蛛网既是它们的"家"，也是用以谋生取食的"工具"。相反，无固定住处、四处巡游寻找猎物的蜘蛛称为游猎型蜘蛛。

此外，还有另一类特殊的洞穴蜘蛛，其中有些种类只是喜欢利用洞穴暂时隐蔽和休息，而捕食时要到洞外世界去，这类蜘蛛被称为"喜洞穴蜘蛛"。还有一些种类，长年隐居洞穴中，世代不离幽暗的洞府，在洞外人们从来见不到的蜘蛛，那才是"真洞穴蜘蛛"。

自然界各种蜘蛛依照各自的身体特点和捕猎方式，分别归属于结网蜘蛛、游猎蜘蛛和洞穴蜘蛛三类捕食生态型。虽然三类蜘蛛的生活方式不同，但都靠猎取昆虫或其他小型鲜活动物生活，捕食过程中都会用到蛛毒和蛛丝。例如有些毒性不强的游猎蜘蛛，当捕到猎物时，会喷吐捆绑丝紧紧缠绕住猎物，免得猎物挣扎和逃脱；有些结网蜘蛛网住较大猎物时，也会先吐丝捆绑，再注入毒液，然后搬运到隐蔽处安心享用（图16）。

要是一张蛛网同时网住多只虫子，蜘蛛一顿吃不了，它会吐丝捆绑包裹猎物，捆绑丝含有神奇的杀菌物质，能够保鲜被包裹的猎物，使猎物不致死亡和变质，留到下一顿再享用。

许多种类的蜘蛛遭遇危险时，能喷吐一根逃逸丝，它迅速顺着这根"救命线"凌空悬吊或下垂降落，借以避敌脱逃。有些喜洞穴蜘蛛会在洞口铺设非黏性的蛛丝，这类丝不是用来黏住猎物的，而是用来侦察报警的，要是有猎物经过洞口，触动报警丝，洞内蜘蛛立即得到信息，便跑出来把猎物捉住，拖回洞内饱餐一顿。

图16 蛛丝不仅用于织捕虫网，还能用来捆绑猎获物。图中的猎物被十字蜘蛛的捆绑丝捆得结结实实的。

二 设置罗网的织网蜘蛛

---

6. 织网蜘蛛谋生的法宝——蛛网

全世界4万多种蜘蛛中，大约有一半种类是靠结捕虫网黏捕飞虫过日子的，常见的有园蛛、皿蛛、球蛛、漏斗蛛、妩蛛等。所有织网蜘蛛的捕食活动都可以归结为"张网待虫"四个字。蛛网可不是普通的网，它们对空气、丝线以及地面的震动极为敏感（图17）。

图17 园蛛和它织成的圆网。

图18 有些结网蜘蛛经常停留在蛛网中心，等待猎物前来撞网。这张蛛网上沾有露水，因此网丝显得比较粗。

　　蜘蛛的织网行为在捕食动物中绝无仅有、非常特殊，它由一系列行为的配合来保证捕食的成功。蜘蛛常选择在不易遭受干扰的树梢、草丛以及其他昆虫时常出没的地方结网。蛛网黏性强，足以黏住各种昆虫，有的就连蝎子、蜥蜴、小鸟也能黏住。结网蜘蛛结一张网，等待猎物撞到网上，对于蜘蛛来说，蛛网就是它们谋生的"法宝"和防御的"武器"；对于被捕者来说，蛛网就是捕捉它们的"天罗地网"（图18）。

　　蜘蛛既是结网能手又是捕猎高手，它们兼有"纺丝"和"织网"双重技能。蜘蛛"纺"出的丝，特别纤细、光洁，富有弹性而又极其坚韧，其优良性

17

能超过了天然蚕丝。更为奇妙的是，蜘蛛体内的丝腺，是"取之不尽，用之不竭"的织网原料宝库。蜘蛛只要能够吃饱喝足，便能源源不绝地分泌、喷吐出蛛丝来。

7. 捕虫网是怎样织成的？

以园蛛所织的圆网为例（图19）。首先，园蛛在树枝间或屋檐下选取一个合适的基点，放出一根坚韧的游丝，随风飘荡，当这根游丝搭上对面物体后，就成为蛛网的第一根"栋梁"；接着蜘蛛在"栋梁"上来回几次，抽丝加固这根"高架线"，并沿着"线"两端向左右摆布，织成一个不等边框架——基框。这是蜘蛛织网的基础工程。选点和抽丝织成基框是织捕虫网的第一步和第二步。

第三步是架设辐线。在基框一边放出一条悬垂丝，连到对面的框线，这是第一根辐线，蜘蛛沿这条辐线爬到网框中央，做成一个丝结作为中心点，再由中心点按顺序上下、左右增添多条辐线，直到织完全部辐线。

第四步是加添助线。蜘蛛以网心为起点，经过一条条辐线，织出一根自内向外的螺旋助线。

图19 结网蛛织捕虫网是有步骤的（由上向下），即：选取基点→织成基框→架设辐线→加添助线→布设黏丝。

从第一步到第四步这几个织网步骤中，蜘蛛布设的丝线并无黏性，这好比人们造房子，需要先打好"地基"和搭建"脚手架"，来协助进行下一道工序。

第五步蜘蛛才抽出并架设真正的黏丝。这和织螺旋助线的方向正好相反，蜘蛛从网的外围向网心转圈织出具有黏性的丝，即捕食螺线，同时把"脚手架"——助线一点点吃掉，完成结网工程的末道工序（图20）。

许多种类织网蜘蛛还会加一道"扫尾工程"：就是从网心到网边的隐蔽处，拉出一条长长的"信息丝"，用来帮助监控网上的动静。

总的来说，一张圆网的框架丝和辐射丝是没有黏性的，蜘蛛经常停留的网心，那儿的蛛丝通常也是不黏的。只有捕食螺线才是真正的黏丝。

图20 织网蜘蛛辛勤地拉丝织网或修网，这几乎是它们每日必做的工作。

典型的圆网包括框架丝、辐射丝和螺旋丝。蜘蛛的圆网是一种典型的动物建筑工程，蛛丝看似纤细无力、弱不禁风，然而，柔软的螺旋丝和坚韧的辐射丝组合成网，就能吸收和耗散撞到网上的高速飞行昆虫的动能，并且能够拦截和黏住触网者，这便是蛛网神奇之所在。

这是多么奇妙的捕猎方法！人类学会用网捕鱼，比蜘蛛张网捕虫晚了足有一两亿年。

8. 万千蛛网，各有特色

在世界的每个角落几乎都张挂有蜘蛛网，但不同种类蜘蛛所结的网千姿百态、多种多样，例如有圆网、小型不规则网、皿网、漏斗网、三角形扇状网等。为适应不同的需要，不同类型捕虫网在大小、形状、网眼疏密、抗拉强度等方面都有明显差别，因此可能网到的猎物种类也就不一样。

不同类型蛛网的编织者，依据自身能力和织网场所环境条件的差异，编织了形形色色的蛛网。学者们认为，圆网是基本网型，就是人们平常所说的八卦网，蛛丝由中央向四周辐射状排列在一个平面上。例如，庭院中最常见的大腹园蛛，在屋檐下、厩舍中、庭院篱笆上、树丛里及农作物植株之间结垂直大圆网，其网结构规整，接近圆形（图21）。农田常见的肖蛸蛛

图21 圆网是由辐射丝及黏性螺旋丝织成的垂直平面网。右上图为体形较大的大腹园蛛，它织的圆网直径可达50厘米左右。

图22 四对腿修长灵敏的肖蛸类长脚蛛，经常在植物枝叶间织圆网。

也织圆网（图22）。

园蛛通常躲藏在网边，等到有虫被网黏住，才出击捕食，有时也在网中央"守网待虫"。绝大多数结圆网的蜘蛛，它们每天会把损坏的网毁了再重织新网，往往把螺旋状的黏丝吃掉，仅留下辐射丝或框丝，然后急速织好，整个过程在傍晚或黎明时进行。

金蛛织的网非常特殊，它们所织出的圆网的网丝极细，几乎是隐形的，但圆网上却另织有十分显眼的"X"形纯白色条带。金蛛合并8条腿与"X"形条带对齐，艳丽的金蛛就待在中央交叉处（图23）。极细的隐形网线可以使得更多飞行昆虫不经意间触网被黏；十分显眼的白丝带与鲜艳的体色有"警戒"作用，免得隐形网遭到其他大型动物无意的损坏。

有些蛛网是类似圆网的变型。例如网心中空的圆网，便于蜘蛛两面出入。又如扇妩蛛（又叫三角网蜘蛛）织扇面形三角网，这种

图23 长圆金蛛的隐形网及"X"形条带。只要仔细观察就能看到这种金蛛隐约的圆网及其网丝。

网织起来既节省丝原料，更是蜘蛛精心设计的陷阱。

扇妩蛛平时蜷缩在网边的植物枝干上，体色和树皮相近，很难被发现；捕猎时用前足拉住丝网的一端，使三角网可松可紧（图24）。当网黏住虫子时，它就

图24 扇妩蛛精心构织的三角网只有4根辐丝和少量黏丝，靠这张网它们每天都能吃饱喝足。

迅速放松丝网从而网住猎获物。扇妩蛛用这种只有简简单单几根网丝的三角网便能有效地解决"吃"的问题。

黑斑园蛛（图25A）织网和用丝的巧妙程度，令人刮目相看。它们先在果园、稻田或林间布设一张圆网，接着从网上拉一根"信号丝"，连接到就近的一片树叶上，并在这片树叶上又吐丝织成一个薄片状小帐篷式巢窝（图25B）。平时黑斑园蛛潜伏在帐篷巢中，时常用步足放到信号丝上去探测，如感觉有虫落在圆网里，就立即出巢抓捕，接着运回帐篷内安心享用。

黑斑园蛛既织捕虫的圆网，又加织隐蔽用的"帐篷巢"。因此，有的研究者把黑斑园蛛归属于筑巢蜘蛛。帐篷巢以叶片作底，薄片状丝层作顶。黑斑园蛛安全舒适地躲在帐篷巢里等待下一顿美餐的到来。

图25 腹部有大块标志性黑斑的黑斑园蛛（A）。它织一张黏虫用的圆网，还加织隐蔽用的帐篷巢（B）。

温室球腹蛛的网是典型的不规则网，有些幽灵蛛也结不规则网。所谓不规则网是指网中蛛丝向各个方向延伸。

皿蛛所结的皿网，是指中部以丝织成平面或弧形丝层，自丝层向各个方向延伸不规则丝构成的网。

漏斗蛛又名草蛛，喜欢在草丛里用丝编织两头有通道的隐蔽所——漏斗网，这种网一部分是薄片状水平网片，但与皿网不同，在平网的一侧还有一个形状像漏斗的丝质管网（图26）。漏斗网可拦截低飞的昆虫，有的漏斗网蛛会在网片上加织缠结丝，使网更坚固耐用。漏斗网好像一条口大底小的袋子，袋底有个圆形出口。当昆虫误入"袋口"，便会顺势滑至袋底，漏斗蛛就在袋底以逸待劳，抓住送到嘴边的猎物。如遇强敌来袭，漏斗蛛便赶快从袋底的"后门"溜走。

图26 漏斗蛛结在草丛中的漏斗网，这种网是低飞及地面爬行昆虫的致命陷阱。

图27 黑寡妇蜘蛛的三维立体网，网丝的黏性超强。纵丝与横丝之间有斜丝交织，使网更加坚固。

　　一般蜘蛛在平面框架上织水平的或垂直的平面网，只有少数特殊种类能织三维立体不规则网。例如世界知名的黑寡妇蜘蛛织的网，初看像毫无章法的一摊"乱丝"，其实这是世界上最结实的蛛网。这种网黏性超常，抗拉力特强，能够黏住较大猎物，甚至能网住一条蛇。藏身网中的蜘蛛本身还能避免被寄生蜂之类的天敌侵害（图27）。

　　尽管不同类型蜘蛛所结蛛网的形状、结构不同，但对其功能的要求是一致的，都要求尽量利用最少的丝获得最丰厚的捕食效果。各种蛛网在拦截黏捕昆虫方面，都是卓有成效的，都适于捕捉在空中飞行或地面活动的昆虫。

9. 织网蜘蛛靠触觉捕食

图28 波多黎各大学的动物学教授在马达加斯加岛上发现的世界上最大最坚韧的蛛网，宽达25米，横跨河流两岸，这是由一种新近定名为达尔文吠蛛的织网蜘蛛所织成的。

织网蜘蛛眼睛小、视力差，主要靠触觉和嗅觉进行捕食，它们身上布满触毛，可以用来感受振动刺激，步足末端的嗅觉毛可感受化学刺激。织网蜘蛛即使隐藏在蛛网的角落里，依靠细长而高度灵敏的腿脚，也能够立即感知网丝极细微的振动，并能及时锁定被网住猎物的大小和所在的位置。

织网蜘蛛能够正确辨别刮风抖动蛛网或落叶触到网上等情况，不会受到干扰。凭着灵敏的触觉，它们完全能够控制网上的各种情况（图28）。

织网蜘蛛神奇的魔力还在于它们的网是能够随时织造的。它们不必去追捕任何小动物，也从不选择食物的种类。它们采用"张网待虫"的捕食方法，形成了"来者不拒"的饮食习惯。

还真神了，一张张细丝织成的薄网，每时每刻都有"自投罗网"者撞到网上，被黏被捕。可能有些昆虫在飞行中看不清前方的网，也可能是网丝能够反射紫外线，从而吸引昆虫过来。

织网蜘蛛通常静静地待在蛛网中心，一旦网丝振动，有虫落网，便立即朝正在拼命挣扎的落网者爬过去，抽出捆绑丝，将它五花大绑。蜘蛛用后腿抽丝捆绑猎物的速度，快得让人难以想象，一秒钟竟能缠绕猎物7～8圈，被俘者只好束手就擒。如果那时蜘蛛饿了，便注入消化液溶化猎物肉体，立即吸食；如果当时不饿，便留作储备食物。要是黏住的是体形较大的蛾蝶类，它们拼命挣扎抖落鳞片就有可能逃脱，这时蜘蛛便用螯牙狠刺被网者，注入毒素使其麻痹，被网者就不再反抗，接着再用丝线捆绑。需要注意的是，被蜘蛛吸食的捕获物，并非是已经死亡的尸体，而是被毒液麻醉的活体。

有些织网蜘蛛并不时刻停留在网中心，而是更愿意隐蔽在网边或附近的树叶或枝条上。它们会从自家网的中心到隐蔽处，设置一条用来通报信息的特殊网丝，这根丝非比寻常，就像人们装在家门外的电铃按钮，一旦有猎物触网，信息立即通过"信息丝"传给主人。原来，蜘蛛足部的许多感觉毛，起着微型"振动探测器"的作用。只要蜘蛛的足搭在一根网丝上或信息丝上，就时刻都能感知网上任何的动静（图29）。

图29 织网蜘蛛的捕虫网是高效的"武器"，网住各种鲜活虫类的把戏时刻都在上演：（A）网住蚱蜢；（B）网住蝇类；（C）网住蝗虫。

多数情况下，织网蜘蛛经常网住并吃掉的是那些数量多的昆虫，例如蚊蝇、蝗虫、蠡斯、蟋蟀、蛾蝶、甲虫、蜜蜂、草蛉、蜻蜓、棉铃虫、稻苞虫、飞虱、叶蝉等，就连腹部有螫刺的蜜蜂和土蜂，也逃脱不了被蜘蛛捕食的命运。

　　蜻蜓本身是肉食性捕猎高手，大型蜻蜓有时能够冲破蛛网，打败蜘蛛；但如果蜻蜓的双翅和身体被蛛丝黏住捆牢，狡猾的蜘蛛会转到蜻蜓身后，朝它的胸部注入毒液，然后退到一边，等蜻蜓昏迷过去，蜘蛛就可以享用自己的"战利品"了（图30）。

图30 虽然蜻蜓拼死反抗，几乎撕烂蛛网，但最终还是输给了拥有蛛丝和蛛毒的蜘蛛。吃饱的蜘蛛很快便会织出另一张新网。

10. 能网住蛇的蜘蛛网

时至今日，能网住蛇的蛛网或敢于直接捕杀蛇类的蜘蛛，不再是惊人的特例了。属于球蛛科寇蛛属的黑寡妇蜘蛛，是全球大名鼎鼎的毒蜘蛛。雌蛛体长2～3厘米，咬人会造成伤害；雄蛛比雌蛛小，分泌的毒液对人并无毒性。

事实证明，黑寡妇蜘蛛的三维立体网能够网住蛇！想想吧，这种网该有多大抗拉强度，网丝有多黏才能网住蛇！

依靠超常抗拉强度的蛛丝及含强烈神经毒素的毒液，黑寡妇蜘蛛能够网住、毒昏并吃掉一条蛇（图31）。

图31 虽然蛛网会被大力挣扎的蛇给扯坏，但好在蛇头和蛇尾被网丝牢牢捆住，使得蛇嘴张不开，蛇尾甩不动。只要往蛇体内注入麻痹神经的毒液，蜘蛛捕蛇的壮举即告完成。

黑寡妇蜘蛛（图32）浑身黑色有光泽，它的球形腹部的腹面有鲜艳的红色斑纹，这是它们的标志性特征。有的雌蛛在交配后会将雄蛛吃掉，因而得名"黑寡妇"。黑寡妇蜘蛛平时捕食木虱、马陆、蜈蚣等，也捕食其他蜘蛛。据报道，它的毒液毒性强烈程度超过响尾蛇的毒液，注入猎物体内几分钟后便发生效力。人不慎被叮咬后会感到剧痛、恶心及轻度麻痹，但因其分泌量达不到对人的致死量，被叮咬者大多能逐渐康复而无严重并发症。

热带地区有些隐藏在洞穴里的大型捕鸟蛛，毒液量多，螯牙锐利，加上诡计多端，靠着布设在洞口异常灵敏的"信息网"，能够出其不意袭击并毒昏爬入洞中的矛头蛇，将液体消化酶注入蛇体内，将蛇的机体溶化为液态肉羹，分成几顿吸食，最终吃得只剩下一张长长的干瘪蛇皮（图33）。

图32 黑寡妇蜘蛛腹部如同圆球，属于球腹蛛类。

图33 看样子，这只体形硕大的红膝捕鸟蛛想吃蛇肉羹了。

11. 别出心裁的网虫术

大多数结网蜘蛛采用的捕食方法，是选择一个适宜的地点，编织一张固定的黏虫网，以逸待劳，等候猎物自投罗网。

然而妖面蛛却别出心裁，演化出另类捕虫妙法，它一改织网家族"守网待虫"的习性，并不编织固定的蛛网，而是爬到树枝上，预先织好一张长方形小网，用身体前方的4条或6条长腿举着，等到有虫子从它下面经过，它才用长腿张开小网，对准下方猎物抛出，将虫子罩住，使被捕者逃脱不了，然后从树枝上下来收拾自己的战利品。这种蜘蛛因此又得名"抛网蛛"。妖面蛛织的网虽然很小，但经济适用；抛网虽要等待机会，但每次都很精准，如同人们手持捕虫网捕虫一样"手到擒来"（图34）。

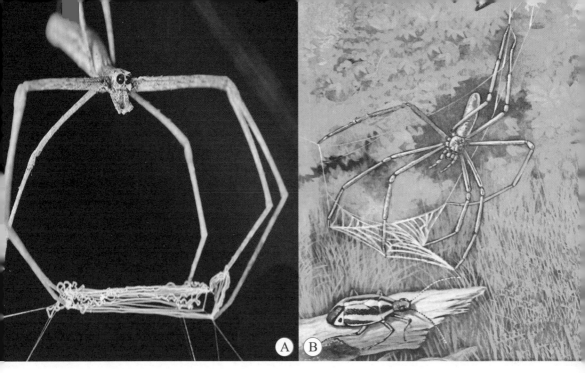

图34 （A）妖面蛛足持蛛网，待机捕虫；（B）妖面蛛后腿倒挂在树枝上，居高临下。眼看机
会来了，美味佳肴就要到口了。

12. 一根蛛丝，吃喝无忧

　　南美哥伦比亚的链球蛛，更有令人称奇叫绝的捕虫方法。这种蜘蛛的捕虫网简化到只需用一根丝，就能卓有成效地黏捕蛾类为食。链球蛛纺出一根特别的丝，在这条丝的末端有预先卷绕成链球状的一粒黏球。链球蛛用一对前足操控这根丝，等蛾子飞近便立即挥动黏球将其击中黏住。由于挥动黏球的动作像舞动流星锤，因此链球蛛又被称为"流星锤蜘蛛"（图35）。

　　链球蛛还有一手夺命奇招，它的黏球会散发出类似雌蛾释放的性外激素的气味，周围的雄蛾受到气味的诱骗，争先恐后接近"雌蛾"（黏球），纷纷绕着"链球"飞，每每遭黏球击中而送命。

32

从链球蛛的形态特征来看，它们属于园蛛类，然而其捕食方法和大多数结圆网的园蛛已经完全不一样了：它们会主动去到蛾子多的地方；它们还发展了化学武器（气味引诱），从而使得唯一用来捕食谋生的这根蛛丝，就好像有了魔力一样管用。

科学家指出：链球蛛这种奇异捕食习性的形成，是和自然界蛾类的发生与繁衍协同进化的。由于蛾类身体外面有鳞片，如果撞上普通的蛛网，脱落掉部分被黏住的鳞片，它们照样有可能逃脱，而被挥舞着的"黏球"击中的蛾类，会顺势被拉到蜘蛛的嘴边，就再也没有逃脱的机会了。

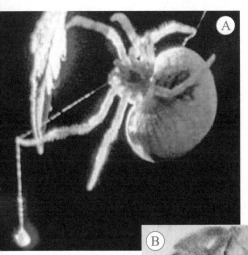

图35 链球蛛虽然只用一根丝，但丝端的黏球（A）可是蛾类的克星（B）。

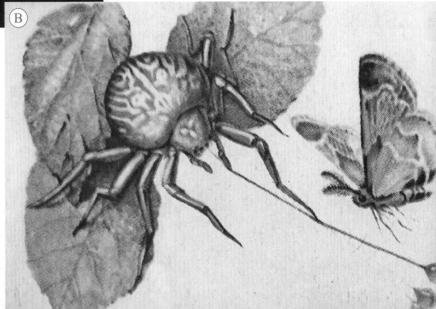

13. 吃掉旧网，另织新网

蛛网由具有黏性的湿丝和不黏的干丝织成。黏丝用来捕虫，干丝是蜘蛛在网上的行走通道。蛛丝能抗风雨，然而一旦湿丝干了，黏性减退，便需要更换新网。

图36 一张遭到损坏的捕虫网。蜘蛛吃饱以后，很快会织好一张新网。

蜘蛛的结网工程并非每时每刻都顺顺当当，可能遭遇各种干扰或破坏：狂风暴雨能够摧毁蛛网；大动物的活动会撞坏蛛网；许多人嫌恶蛛网，见了立即将它扫除。即使蛛网没有遭遇天灾人祸，当它网住一只活蹦乱跳的大型昆虫（例如大蝗虫、大蛾蝶、大蜻蜓）时，拼命挣扎的猎物也可能把蛛网撕得七零八落（图36）。

面对这些情况，蜘蛛并不会放弃，它们是具有执着和顽强精神的物种，而且蜘蛛有足够的智慧，能够正确判断：是修补旧网还是另织新网，怎样做更经济合算。对于严重毁坏的蛛网，聪明的蜘蛛宁愿放弃费事的修补而另织一张新网。织网花费的时间长短，因蜘蛛的种类及蛛网的类型而不同。一般情况下，几十分钟或一两个小时新网就能织好。对于废弃的破旧网丝，蜘蛛知道，这些丝可都是优

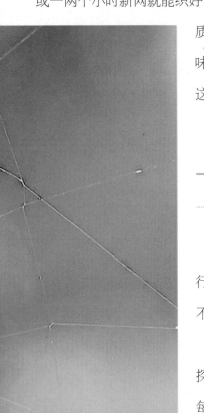

质蛋白质，不能浪费掉，它们会全部"回收"，当作美味食品，一点不剩地吃进自己的肚子里。蜘蛛吃进去的这些丝蛋白物质，很快又可以被用来构筑新网。

14. 本能行为，熟能生巧

织网蜘蛛的织网技能无需学习，是与生俱来的本能行为，就像鱼儿生来会游泳、鸟儿生来会飞翔一样，只不过通过练习，熟能生巧，技能会更加灵巧熟练。

每种蜘蛛都有自己的织网形式，因此，有经验的探究者，看到蛛网就能判断是哪种蜘蛛的作品。当然，每个蛛网是由每只蜘蛛依据具体时间和空间特点而织造的。美国一位生物学教授说："蜘蛛会根据风和周围植被情况修改网的设计。"说这话是有事实根据的。

虽说蜘蛛织网是一种本能行为，但织网模式和行动仍要受大脑的控制。法国一位博士生追踪研究一种欧洲蜘蛛的织网过程后得知：这种蜘蛛出生17天时所织的网整齐有序，角度完美精确；4个月后，该蜘蛛所结的网出现缺口，不够标准；这种蜘蛛越老结的网就越没有章法，错漏百出，有很多缺口，网线疏、网眼大；到了8个月时（死亡前27天），它织的网简直一团糟（图37）。

图37 一张有缺口不规范的蛛网。

由此可见，衰老蜘蛛的头脑变得"迟钝"，其织网行为因而变得"笨拙"。事实证明，蜘蛛的大脑像人脑一样，也有衰老退化的时候。

15. 迷宫里的太平通道

从来没人见到过一只蜘蛛被自己织的网给黏住，为什么？蜘蛛网可是像迷宫一样错综复杂，蛛丝黏性极强，黏上了便难以摆脱；而且蜘蛛必须经常在网上跑来跑去。那么，织网蜘蛛何以能在网上畅行无阻？为何不会"作网自缚"，为什么不会被自己织的网黏住？

原来，蜘蛛织网的时候，先用无黏性的蛛丝织出支架，由中心向外放射的辐射丝也不是黏性丝，最后编织的一圈圈螺旋丝才是黏性的蛛丝（湿丝）。在一张蛛网中，既有用于捕捉的黏性丝，也有用来行走的光滑丝（干丝）。这两类蛛丝设置在蛛网的哪个部位，蜘蛛本身能够清楚地区分，它们知道怎样避免在黏性丝上走动。就算偶尔触碰到黏性丝，聪明的蜘蛛预先使出一种"绝活"，即分泌出一种油性物质并将它涂抹到身体表面尤其是腿上，以保护它们不致被黏住。可以说，自然界赋予了蜘蛛作为蛛网主人的必要条件。

在蜘蛛家族中，结网蜘蛛捕猎靠蛛网，捕虫蛛网是结网蜘蛛生活的家园和捕食活动的据点，"网"就是"家"。蜘蛛对于自己的家园当然很熟悉，在"家"里有谁会走错地方呢（图38）！

由于捕虫蛛网是织网蜘蛛的"固定住所"，因此说，织网蜘蛛属于定居型蜘蛛。由此可以推知，后面将要谈到的"洞穴蜘蛛"和"筑巢蜘蛛"也属于定居型蜘蛛。

图38 蜘蛛安然地看守着自己的"丝网之家"。

三　神通广大的游猎蜘蛛

16. 比一比游猎蜘蛛与织网蜘蛛

动物的行为和身体结构紧密相关，身体构造决定行为的特点。织网蜘蛛与游猎蜘蛛的形态结构差别明显，它们的捕食行为方式也就大不一样。一种蜘蛛是张网捕虫还是奔走找虫，和它们4对步足的构造密切相关。

从图39中织网蜘蛛与游猎蜘蛛的比较能够看出，织网蜘蛛的8条腿大多细长而灵敏，善于保持在网上行动的平衡；而游猎蜘蛛的腿相对粗壮有力，善于四处奔走。游猎蜘蛛的螯肢比织网蜘蛛的强大，它们需要铁钳一样有力的螯牙，才能不用网而牢牢地捉住猎物（图39）。

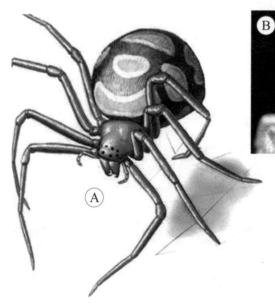

图39 织网蜘蛛与游猎蜘蛛比较。（A）红寡妇蜘蛛代表织网蜘蛛，腿细长灵敏，眼小视力差。（B）跳蛛代表游猎蜘蛛，眼大视力好，腿壮善跑。

有多少只眼以及眼的大小和明亮程度，也可以用来判定是织网蜘蛛还是游猎蜘蛛。通常来说，游猎蜘蛛通常具有8只又大又亮的眼，利于发现和瞄准猎物，从而保证捕猎成功；而织网蜘蛛即使有8只眼，通常也都很小，视力很差，它们不依靠视力，主要靠触觉织网和捕食。

游猎蜘蛛和结网蜘蛛在身体结构方面还有很多细微的差异。例如，足部末端脚爪的数目不同。游猎蜘蛛（例如跳蛛）足部末端有两个脚爪，双爪之间有一个突出的毛状刷，使得游猎蜘蛛能在光滑的物体或地面上行走自如（图40A）；而织网蜘蛛（例如园蛛）的脚端通常有3个爪（图40B），中间的那个爪用来勾住丝线，便于铺设蛛网和在网上快速行走。

为什么蜘蛛家族分化为结网蜘蛛和游猎蜘蛛两支？这是蜘蛛家族适应环境的变化与时俱进的结果。依据生物进化理论和蜘蛛在地史历程中的演化实例，学者研究认为，衍化丝腺、发展织网行为是蜘蛛早先的进化方向，也是成功的捕食策略。随着地球环境的变迁和新物种（尤其昆虫类）的不断出现，虽说织网蜘蛛的"张网待虫"是独门绝技，然而在生存竞争中也有其不利的一面，因而一部分蜘蛛"放弃"被动的织网黏虫习性，演化为主动出击游猎捕食的类型。至今游猎蜘蛛依然保持产丝、用丝的习性，由此也说明，游猎蜘蛛是从织网蜘蛛分化而来的后起的适应类型。

图40 游猎蜘蛛（A）和织网蜘蛛（B）脚爪的比较。

17. 游猎捕食能耐更大

与织网捕食定居类型相反，游猎蜘蛛无一固定永久性住所，它们巡游在地表、草丛、落叶、石缝、田埂、果园、菜地以及农田中，主动寻找机会，积极捕捉活食。常见的游猎蜘蛛有跳蛛、蟹蛛、游猎狼蛛、盗蛛、逍遥蛛、猫蛛等，许多农田蜘蛛也属于游猎蜘蛛。游猎蜘蛛种类多，数量大，行动敏捷，捕食能力强。学者们调查得知：游猎蜘蛛的捕食能力显著高于织网蜘蛛，有些游猎蜘蛛的捕虫量，超过了著名的捕食性昆虫如瓢虫、草蛉和猎蝽。例如，农田常见的游猎

草地逍遥蛛，有人在辽宁省棉田做过数量统计，6～7月份每亩达2 000多只，这是一支多么庞大的消灭害虫的队伍啊！

游猎蜘蛛捕食各种鲜活昆虫或其他无脊椎动物。它们的螯肢强壮，四对腿跑动灵活，眼大明亮，视力敏锐。当它们发现捕食对象时，会立刻瞄准猎物猛扑过去（图41）。

图41 四处巡游捕食的蜘蛛：（A）游猎蟹蛛捕虫；（B）过游猎生活的盲蛛在叶面上捕虫。

图42 蟹蛛是常见的小型游猎蜘蛛，图中两种人面蟹蛛，腹部花纹如同人的脸谱。

有的游猎蜘蛛善于奔走追捕，有的则擅长伪装埋伏；有的喜欢白天四处猎食，有的则在夜间搞突然袭击；有的善于跳跃，行动迅速；有的力量巨大，能制服大于本身的猎物；有的身手灵巧，使猎物无从逃遁；有的会吐丝捆绑猎物；有的会拉安全丝保护自身。总之，游猎蜘蛛更是捕猎高手，是生存竞争中的精英。

多数游猎蜘蛛选择它们偏好的栖息生境进行游猎活动。例如狼蛛、盗蛛大多在地面游走猎捕食物，很少到植物茎叶上活动；猫蛛、长纺蛛常在植物茎秆间游走捕食；蟹蛛（图42）、蚁蛛等常在植物叶片或花丛间巡游，很少到茎秆或地面捕食；也有广栖性类型，例如跳蛛类中的某些游猎蜘蛛，并无一定游猎场所，在地面、石块、植物茎秆和叶面等场所都能见到它们。

41

游猎蜘蛛通常不结捕虫网也不筑巢，但在环境温度过高、过低或太干旱等不良条件下，有时也会织简易的丝巢作为临时避难场所。

游猎蜘蛛既是具有共同游猎习性的大类群，也包括数以千计独具个性的物种，它们千姿百态，各显神通。

18. 半游猎半定居的壁钱蜘蛛

"壁钱"，又名壁蟢、墙蜘蛛。这类蜘蛛生活方式非常特殊：它们从来不织捕虫网，而是主动游猎捕食；不过，壁钱蜘蛛却习惯于在居室内外的墙壁、房角吐丝结巢，有的种类在居室外的山地石板下或树皮缝隙间结巢。壁钱蜘蛛既有自家丝织的巢作为"居所"，又能时常到"居所"周围游猎捕食。因此，把它们算作"半游猎半定居"蜘蛛比较合适。

所有蜘蛛在生活过程中都利用蛛丝，游猎捕食的壁钱蜘蛛过日子同样需要蛛丝。壁钱蜘蛛用丝织成保护自身的丝巢，天敌不喜欢吃这种丝巢，而壁钱蜘蛛出入丝巢很快捷方便。游猎蜘蛛巧用蛛丝，壁钱蜘蛛是个好例子（图43）。

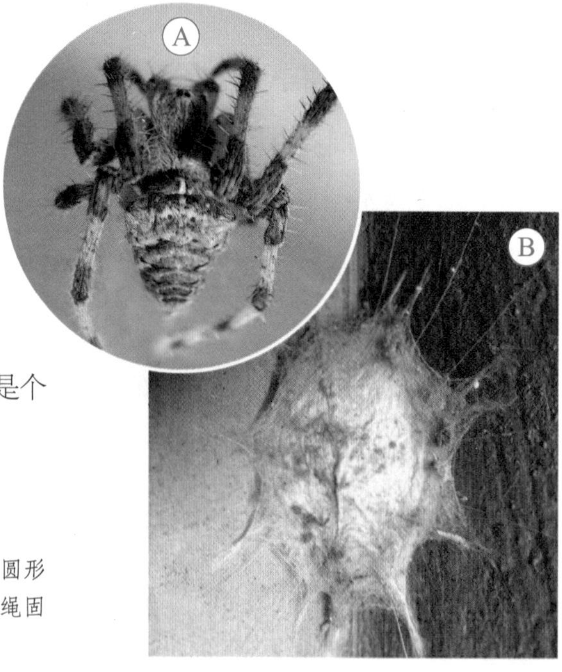

图43 华南壁钱蜘蛛（A）和它所织的扁圆形丝巢，巢周围有8~10根加粗的丝绳固着在墙壁上（B）。

无论成年还是幼年的壁钱蜘蛛都会吐丝，在墙壁上织成一个白色扁圆形丝巢。幼蛛织的巢小，只有两层丝膜。丝巢随龄期的增加而增大，蜘蛛每蜕皮一次就加厚一层丝膜。成年蛛的丝巢常有好几层丝膜围护，丝巢周围有丝黏连在墙上。壁钱蜘蛛的丝巢就像一枚贴在墙壁上的钱币，这就是它们被叫作"壁钱"的原因。

　　白天，壁钱蜘蛛藏身在结实的丝巢内，一旦有猎物经过它的巢边，便突然出击，瞬间得手，吃掉猎物；等到夜幕降临，它才放心大胆地到巢外四周捕食。壁钱蜘蛛织成的丝巢，最大可达3～5厘米。如不被破坏，丝巢就成为它们捕食、交配、产卵以及越冬的隐蔽所。通常壁钱蜘蛛在自家丝巢周围3～4米的范围内进行巡猎活动，并不会远离丝巢，如果在巢外受到惊扰，会立即跑回巢内；如果在丝巢内受到干扰、威胁，会迅速逃出巢外，躲进墙壁缝隙里。

19. 蜘蛛家族的跳跃冠军

　　跳蛛以善跳得名。全世界跳蛛类超过5 000种，是蜘蛛家族中的第一大类。而在数以千计的跳蛛类里面，蝇虎跳蛛是其中的出类拔萃者，它最有资格作为四处游猎捕食蜘蛛的代表。让我们来见识其可爱的外貌和捕食的勇猛英姿。

　　蝇虎跳蛛有8只眼，由头部前方向后排成环状，头部前面的两只眼睛如同大灯泡，视觉敏锐，能够快速发现猎物（图44A、图44B）。它的一

图44A 靓丽可爱的蝇虎跳蛛。

图44B 一种蝇虎跳蛛头部。它的两个灯泡似的主眼加上6个副眼使它具有360度全方位视觉。

对螯肢呈鲜明的孔雀绿色，耀眼生辉；全身密生绒毛，腿部有明黄色软毛组成的斑纹。由于它引人喜爱的外貌和令人瞩目的捕食行为，自1936年在印度被发现以来，很快声名远扬。据美国《连线》杂志报道，2009年美刊评选全球十大奇特蜘蛛，蝇虎跳蛛荣获世界上"最可爱蜘蛛"的称号。

最可爱的蝇虎跳蛛同时也是最善于捕食蝇类的蜘蛛。有人做了测量：蝇虎跳蛛体长仅1厘米，而它一跳的距离竟达到本身体长的50倍！它最拿手的捕猎方法，就是蹦跳前行，潜近蝇类，突然飞身跃起，准确扑到猎物身上。毫不夸张地说，蝇虎跳蛛捕食势如猛虎，它捕到一只苍蝇的气势不亚于老虎扑倒一头野猪的气

图45 蝇虎跳蛛飞身跃起扑
　　　向蝇类的瞬间。

势，这就是它得名"蝇虎"的原因（图45）。有目击者说，蝇虎跳蛛身怀惊人绝
技：在天花板上倒着行走时也能跳跃捕食。由此足见，蝇虎跳蛛无愧为跳蛛类中
的佼佼者，是蜘蛛家族名副其实的跳跃冠军。

　　蝇虎跳蛛还会使用"拖丝擒敌"的妙招，将对手在空中打败。当它遇到强有
力的对手时，会勇猛地跳上去用8条腿将对手紧紧抱住，并马上从高处牵丝垂下，
悬挂在半空中，使对手无所依附，有力无处使，很快便被蝇虎跳蛛的毒液麻醉，
成为蝇虎跳蛛的"手下败将"。

　　蝇虎跳蛛还有一手安全措施：在它身后总是拖着一条护丝，这是它的生命线。
遭遇危险时，它利用这条安全逃逸丝从容地下坠滑入草丛中，逃离敌方的追击。

20. "以小搏大"的游猎蟹蛛

　　蟹蛛是一类形态和习性都很特殊的游猎蜘蛛，全球约1 800种，分布遍及世
界各地，亚洲、美洲、非洲、澳洲都有蟹蛛家族成员。多数种类蟹蛛头胸部和腹

图46 （A）三角蟹蛛停在花上，等待前来采蜜的昆虫；（B）即使是身怀毒刺的蜂类也会被从花丛里杀出的三角蟹蛛用螯牙刺个正着。

图47 保护色让这种变色三角蟹蛛能够骗过凌空飞过的食虫鸟类等天敌，还能突袭捕得猎物。

部短宽，身体显得宽扁，8条腿左右伸展，既能前进后退，也能横着行走，无论外形还是行动都有点像螃蟹，因此得名"蟹蛛"。蟹蛛不结捕虫网而到处游走寻找食物，许多种类多数时间停留在植物花朵或叶面上（图46A），少数种类生活在树皮上或苔藓中。

多数种类蟹蛛身体很小，雌蛛只有5～12毫米，雄蛛更小，只有3～5毫米，大小和一粒大米差不多。它们要是和猎捕对象厮打起来，体小力弱的蟹蛛根本占不到便宜。不过，身体小有小的好处，小小蟹蛛善于也容易隐蔽埋伏，惯于静候猎物的到来，看准机会猛扑上去，立即注入毒液，一击成功。它们避免厮打恶斗，依靠偷袭取胜（图46B）。

还有些种类的蟹蛛能在短时间内改变身体的颜色，变得和它们所停留的花朵的色泽和谐一致。这样既能隐蔽自身，避免被厉害的天敌发现，还能埋伏得更完美，增加捕获猎物的机会（图47）。

蟹蛛具有"以小搏大"的能力，它能捕食比自己体形大得多的昆虫，如蛾蝶、毛虫、豆娘、土蜂、食蚜蝇等，就连会释放臭气的臭蝽类它也不放过。蟹蛛既不织捕虫网，还避免和体形大的家伙斗殴，那么，它们到底用什么绝招猎杀比自己大的动物呢？

原来，蟹蛛非常了解对手的要害部位，埋伏袭敌的蟹蛛会猛地冲向猎物头部，螯牙一下子便刺进猎物的脑袋，正中神经结，一击成功，自己却毫发无损。然后，蟹蛛会退到安全之地，看着被注入毒液的猎物垂死挣扎，等到猎物毒发昏迷，它便可以庆祝捕食大功告成了（图48）。

图48 蟹蛛敢于也能够捕食比自己体形大的食蚜蝇。

在我国长江流域和黄河流域，人们常能见到一种叫作"三突花蛛"的蟹蛛，它是身体颜色能随栖息环境变化而变化的游猎蜘蛛，捕食能力很强，常在棉株的枝叶、花蕾上搜索捕食害虫。还有一种鞍形花蟹蛛，也经常在棉株上活动并捕食棉铃虫，或到棉田附近的豆地、麦田中捕食其他害虫。蟹蛛通常白天捕食，夜间休息；晴天活动频繁，阴雨天或大风天不活动。蟹蛛遇到敌情时，会借助喷吐的一条安全丝下垂潜逃。幼蛛出生后就分泌一种细丝，能借风力飘荡上天，带着幼蛛飞扬迁移。

21. 捕猎凶狠的狼蛛和豹蛛

　　狼蛛和豹蛛都属于狼蛛家族，其中包括有许多捕食凶狠"如狼似豹"的游猎蜘蛛。狼蛛的头部有8只大小不一但都很明亮的眼睛，8只眼排列成三列：前列4只眼较小，中列的2只眼大而有神，后列2只眼分别位于头顶两侧。眼睛如此排列是狼蛛类的特征之一。当它们准备捕猎时，前面6只眼盯紧猎物，头顶的一对眼监视两边及防备后方受敌。狼蛛具有强大的螯肢和触肢，其螯牙像尖刀一样锐利，行动敏捷，捕食凶狠，被捕猎物很难生还（图49）。

图49 狼蛛的头部。其全身长满软毛，螯肢和触肢强大，一对螯牙如同钳子一般内、外相向活动。两条毛茸茸的长触肢有点像"狼尾巴"。

图50 豹蛛全身具有如同花豹的斑纹，利于隐蔽捕猎；8条壮实的长腿奔跑起来相当快速。

　　游猎狼蛛的种类有很多，常见的如黑腹狼蛛、真水狼蛛、拟水狼蛛、沟渠豹蛛、星豹蛛、拟环纹豹蛛（图50）等。它们有的喜欢在平原草地、山野草丛巡游捕猎，有的是农田中的优势种类，有的常见于茶园、果园、山林地带，有的生活在稻田、洼地及溪流附近，还有些种类在水滨、水面活动，跟踪追击落水的昆虫（图51）。

图51 凶狠的游猎狼蛛和豹蛛都能捕食蛙类。（A）图中这只蜘蛛抓住了幼蛙，眼看这只幼蛙生还无望了。（B）能在水面漂浮、行走并进行捕猎的一种豹蛛。

农田中游猎狼蛛数量很多，它们活动在地表或作物茎、叶间。狼蛛个体较大，捕食量大。有人实地考察得知，拟环纹豹蛛是稻田主要优势蜘蛛，捕食飞虱、叶蝉、稻纵卷叶螟、稻蝗蛉等害虫，是害虫的天敌。

有些狼蛛及盗蛛类，虽然不是真正水栖的蜘蛛，但经常在水边捕食；豹蛛和水狼蛛的某些种在河湖池沼的水滨或水面上生活，水狼蛛还能钻入水中捕食水生昆虫或小鱼虾。

22. 会下水抓鱼吃的捕鱼蛛

过去人们认为，蜘蛛的捕食对象是昆虫或其他小虫子。后来，人们知道，一些大型蜘蛛会捕食蝎子、青蛙、蜥蜴、蛇、小鼠甚至小鸟等动物。近年，研究人员还发现，某些蜘蛛还会捕捉鱼类，给自己补充食物和增加营养。瑞士与澳大利亚动物学家的一项新研究指出，世界各地至少有8个类群几十种蜘蛛会捕鱼吃。它们被通称为"捕鱼蛛"或"食鱼蛛"，主要包括盗蛛类中的狡蛛、跑蛛、潮蛛等。

盗蛛类体形匀称，腹部为橄榄球状，步足修长，触肢很短，螯肢长钳状，抓力很强（图52）。捕鱼蛛体表长满疏水茸毛，在水中身体

图52 8条腿张开搭在水面上滑行的一只捕鱼蛛，水膜的表面张力足够承载它的身体。捕鱼蛛还是潜水高手。

不会湿透，且利于携带气泡潜水。捕鱼蛛4对足伸展开来，能够利用水面张力，在水上行走。

大多数捕鱼蛛是水陆两栖动物，主要生活在淡水溪流岸边、沼泽湿地或水滨岩壁上。有些种类能在水面上行走，有些会游泳，有的还会潜水。盗蛛普遍力量巨大，能制服身长大于本身的猎物，既能在水面行走，潜水能力也相当强，甚至在水中可以停留数十分钟。有的盗蛛会埋伏在水边偷袭小鱼，捕食动作凶猛，为跳跃式攻击；突袭时会用所有足将猎物牢牢抓住，全身落入水中也不会松开。

捕鱼蛛虽是猎杀小鱼的高手，但它们并不只吃鱼，它们主要吃容易捕到的昆虫等小动物，或捕食浅水处的蝌蚪、小虾等，只是偶尔会捕食鱼类。

鱼类是水中精灵，游泳十分快捷，身体滑滑溜溜，小小捕鱼蛛不靠捕虫网，要捕到比自己大好几倍的鱼绝非易事，单靠有力的螯肢和致命的螯牙还是不够的。好在捕鱼蛛认知能力高强，它们练就了一套诡计和花招。捕捉鱼类时，有的会用后腿抓牢水边植物枝条，前腿放置于水面，耐心等候机会突袭过往鱼儿；有的会用前

图53 这只体态优美的捕鱼蛛正在奋力把毒昏的小鲦鱼拉出水面。

腿或触肢轻拍水面，引诱好奇的鱼儿过来；有的能潜入水下跟踪追击小鱼。当捕鱼蛛抓到小鱼后，先用触肢扼住鱼身，迅速用含有神经毒素的螯牙刺入鱼体致命部位，麻痹甚至毒昏小鱼，然后拖到水边干地上，注入消化液，将鱼体溶化为美味鱼羹，尽情地吸食享用（图53）。

图54 在水滨地面的落叶上，水涯狡蛛埋头吸食美味鱼羹，这条鱼已经被它吸食了一半。

　　水涯狡蛛是欧洲体形最大的罕见蜘蛛，是一种既狡猾又聪明的游猎蜘蛛，主要活动在沼泽和池塘附近，它们会故意把粪便排泄到水中，使平静的水面产生涟漪，以此作为诱饵引来鱼类，从而成功捕获鱼类。它们能捕到比自身大3倍、重30倍的鱼（图54）。

23. 花皮蛛的捕食奇技

　　花皮蛛又名唾蛛、喷液蛛，是一类外形和习性都很有特点的游猎蜘蛛。花皮蛛有6只眼，两两接近分列3对；步足不像狼蛛的那样粗壮，四对腿都细长，前腿尤其长，头胸部和腹部呈大致同等大小的卵圆形，上面有如同花皮瓜似的斑纹，因此得名花皮蛛（图55）。花皮蛛体形很小，最小的种类体长只有3.5毫米，当它收拢腿儿缩紧身体，就能伪装成一粒"砂子"。

　　花皮蛛多生活在居民房舍、庭院的阴暗角落，土墙缝隙或园林树皮内。它们完全不用网捕虫，而是应用一套独创的捕猎奇技。当找到猎捕对象时，它先悄悄

图55　一只有如同花皮瓜似斑纹的花皮蛛。

图56 常见于居民庭院的胸斑花皮蛛。这种花皮蛛同样会从螯牙吐出黏液捕捉猎物。

靠近，用超长的前腿试探，如果猎物是鲜活小虫，立即伸开螯肢，通过螯牙喷射一种黏性物质，将猎物身体黏住，再注入毒液毒昏猎物，然后才不慌不忙地收拾自己的战利品，饱餐一顿（图56）。

为什么花皮蛛能从螯牙喷吐黏液？原来，这类蜘蛛的毒腺结构特殊，毒腺分为两部分，一部分用来分泌毒液，另一部分具有丝腺的性质，因此它能从螯牙喷出大量的黏液捕捉猎物。

由于花皮蛛捕猎时总是先向猎物喷射一种黏性物质，就像人类口吐"唾沫"那样，因而花皮蛛又被叫作"唾蛛"。

"别有洞天"的穴居蜘蛛

24. 喜洞穴蜘蛛和真洞穴蜘蛛

所谓穴居蜘蛛，是指自然界中那些喜欢和选择在洞穴里生活的蜘蛛。其中，有些种类利用天然洞穴，无论是自然形成的深大溶洞、人为废弃的土洞还是小小的石缝、土坑，都可能被洞穴蜘蛛利用；也有些种类是靠自己挖洞或筑巢居住的。洞穴里面与洞外世界环境条件截然不同，洞穴里的光照、温度、湿度等条件特殊，缺点是食物的种类和数量较洞外少，优点是比较隐蔽和安全。

环境塑造动物，动物适应环境。由于洞穴状况千差万别，因此洞穴蜘蛛的类型多种多样。多数洞穴蜘蛛只是把洞穴作为临时"隐蔽所"，休息时栖身洞内，寻找食物或配偶时要到洞外，这类蜘蛛被称为"喜洞穴蜘蛛"。另外有些种类洞穴蜘蛛，终生都在洞穴内度过，祖祖辈辈不离洞府，这样的类群叫作"真洞穴蜘蛛"（图57）。

图57　（A）一种古老的形态奇特的真洞穴蜘蛛，它的第一对足十分细长，用来探知食物所在。（B）美洲一种真洞穴蜘蛛，长年栖居洞穴，靠敏感的长腿在洞内捕食。

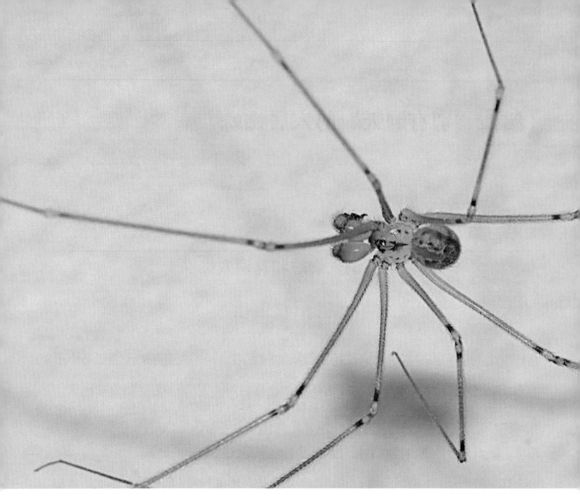

图58 幽灵蛛是小型蜘蛛，经常出没在黑暗处所，靠4对超级细长腿寻找猎物和探测四周。

　　喜洞穴蜘蛛与游猎蜘蛛其实很难严格区分，如果我们没看到它们藏身洞内的情景，有时在洞外见到它们，很有可能会错认为是游猎蜘蛛。

　　值得注意的是，有些喜洞穴蜘蛛会在洞口地面拉丝布设无黏性侦察网，这种网丝不是用来黏取猎物，而是用来"通报"猎物的到来和来者的大小，以便"洞主"知己知彼，不失时机地出来捕食。而真洞穴蜘蛛往往生活在永久黑暗的深大洞穴中，大多在洞内食物相对较多的地带游猎生活。

　　洞穴蜘蛛的种类相当丰富，包括洞穴狼蛛、捕鸟蛛、暗蛛、弱蛛、幽灵蛛（图58）、泰莱蛛、花洞蛛、巨蟹蛛、卵形蛛等。全球已知洞穴蜘蛛超过1 000

种，其中属于暗蛛、弱蛛、泰莱蛛和巨蟹蛛类的物种最多，它们大多生活在洞穴的有光带，属于喜洞穴蜘蛛。在洞穴的弱光带及无光带生活的真洞穴蜘蛛，仅占洞穴蜘蛛类的20%～30%。长期生活在洞穴里的蜘蛛，产生了对洞穴生活的特殊适应。

不同的蜘蛛类群在洞穴选择的小生境也各不相同，有的喜欢在洞壁凹坑、孔洞或缝隙中织网，例如暗蛛偏好比较干燥的岩石缝隙，幽灵蛛一般停留在洞穴弱光带的顶部，弱蛛多在洞穴底部潮湿的土坑中。阴暗隙蛛虽属于洞穴蜘蛛，但会在洞口结捕虫网，在洞内隐蔽处"坐等"猎物触网。至于洞穴蜘蛛在洞穴内部牵丝织的网，并无捕食作用，一般只作为居住及产育卵囊之用。

对于真洞穴蜘蛛来说，虽然洞内食物供应不如洞外世界，但天敌难以侵入幽深黑暗的洞府，它们世代以洞为家，平安地过着别有洞天的隐居生活。

25. 原始穴居者——螲蟷和地蛛

螲蟷又名土拉蛛，是原始的蜘蛛类型。"螲蟷"这个名字起源古老，早在一千多年前中国的医药著作《本草拾遗》中就已有记述，一直沿用至今。目前全世界已知属于螲蟷类的蜘蛛有500多种，大多生活在热带、亚热带地区，全都靠自身挖洞穴居地下，并利用洞穴捕捉猎物。

螲蟷身体结构特殊，体长1～3厘米。全身厚实粗壮；有6只单眼；多数种类有两对纺器；螯肢发达，前端有几排硬刺组成的螯耙，适用于挖掘土穴；足短，足端

图59 在国外蠄蛸被称为活板门蛛。图示为一种活板门蛛和它挖掘的洞穴。洞口及其活盖里面衬有白色的蛛丝。红色箭头所指为"活盖"。

尖,利于筑巢;后两对足较粗壮;外观有点像一件泥塑工艺品(图59)。

如同其他自行挖洞穴居的蜘蛛类一样,蠄蛸的螯牙也是上下活动的,便于掘地挖土。这与那些游猎蜘蛛及织网蜘蛛的螯牙的相向(左右)活动明显有别。

蠄蛸穴居地下的洞巢呈圆筒形,洞深可达15～20厘米,宽约4厘米。蠄蛸在巢内抽丝铺垫洞底,洞壁也衬有丝膜加固,洞穴口还织有可以开关的以丝线作枢纽的椭圆形活盖(图59)。可开关的丝织活盖是这类"以洞为家"蜘蛛出入的"门户",国外有些研究者称这种"活盖"为"活板门",因此这类蜘蛛也被称为"活板门蛛"(图60)。

红活板门蛛螯肢发达、足爪尖利，一看就是善于挖洞的角色。

在野外要找到蟷蜋可不容易，因为它们总是处心积虑地掩盖自家的"门户"，以活盖盖住洞口，活盖外面用丝线黏结泥沙、苔藓及枯叶，伪装成地面的样子，很不容易被发现。由于它们在洞口外布设有放射状报警丝，能够测知猎物的出现，当猎物经过时，潜伏洞内的蟷蜋立即觉察，迅速打开活盖，把猎物抓进洞巢里，毒晕后安心享用。台湾产的蟷蜋栖息的巢穴通常有两个下面连通的洞口，如有寄生蜂等天敌侵入，它便从另一个洞口逃出。

蟷蜋白天藏身洞穴中，夜晚出洞捕食鲜活的小动物。雌蟷蜋除捕食外很少离开洞穴，生殖期间雄蟷蜋常在洞外徘徊寻找雌蛛。

地蛛是另一种原始洞穴蜘蛛（图61A），擅长在地面爬行，常在树干底部吐丝织深入地下的管状巢，一端通到洞穴内部，丝巢外壁黏附砂粒、枯叶，以掩护躲藏在巢内的地蛛，内壁以丝铺垫（图61B）。要是有猎物触到地上部的巢管，地蛛会立即破巢钻出管壁，迅速用螯牙刺中猎物，接着把麻痹的猎物拖进地穴中享用。吃饱喝足后再将地上部的管壁修补好，等待下一顿美餐。有学者认为，这类"丝管"是蛛网的一种变形物，地蛛的"住所"其实是另类精巧的袋状网。

图61　（A）样子特别的地蛛，螯肢强大，向前伸展，头胸部比腹部宽大；（B）地蛛织造的管状巢剖开情景。

26. 挖洞穴居的中华狼蛛

中华狼蛛是我国北方地区的一种穴居狼蛛，是国内大名鼎鼎的喜洞穴蜘蛛，它的体格比较粗壮，雌蛛体长1.9～3.0厘米，雄蛛1.5～2.1厘米，行动敏捷。幼蛛和成年蛛都会自己挖掘藏身的洞穴。一般向地下挖垂直纵穴式隧道，春季挖的洞穴深约20厘米，暑热时洞深可达35厘米。中华狼蛛的洞口没有活盖，洞口大小随龄期和季节而变化，洞口与洞壁都罩以蛛丝加固。目前许多人饲养中华狼蛛，作为宠物蜘蛛来观赏。

洞穴既是中华狼蛛的隐蔽所，也是它们越冬和养育幼蛛的安全窝（图62）。它们白天匿居洞中，日落后出洞寻找食物，约在洞穴四周6米范围内活动。中华狼蛛捕食凶猛，喜欢捕食各种甲虫、蛾类成虫及蝇类、叶蝉、飞虱、蝗虫等害虫，小地老虎、金龟子成虫交尾产卵期间，最易遭中华狼蛛捕食。我国北方有些地区（如鲁西南）称中华狼蛛

图62　一只正在挖洞的喜洞穴狼蛛。

为"地侠"，这个名字一方面表明它们穴居地洞，另一方面赞扬其捕虫灭害，如同"蜘蛛侠"。

27. 真洞穴蜘蛛的特殊适应

真洞穴蜘蛛总是生活在深大洞穴的内部，那里黑暗无光、食物匮乏、湿度较高，一年中温度和光照条件稳定，季节变化不明显。长期生活在洞穴特殊环境中的真洞穴蜘蛛，必然出现一些适应性特征，这些特征是生活在洞外地表生境类群蜘蛛所没有的，主要表现在某些身体器官的功能减弱、退化甚至消失，另一些器官功能增强、发展，逐渐形成独特的形态、生理、行为和生态。例如，身体缺少色素呈无色或白色，眼退化甚至完全无眼，体形变小，外骨骼软弱，表皮变薄，全身长满具有敏锐触觉和嗅觉功能的感觉毛，步足显著延长，

图63 一种著名的生活在新西兰尼尔森岩洞石壁上的洞穴蜘蛛，其体形较大，足端有长爪，是一种罕见的受保护的蜘蛛。

善于快速移动等（图63）。

由于深洞穴内部食物稀缺，供不应求，再加上氧气不足，致使长期生活其中的真洞穴蜘蛛形成某些适应性特征，表现在：新陈代谢缓慢；耗氧量降低；产的丝很少；繁殖无季节性，产生的后代较少，但单个卵粒却包含更多的营养等。这些生理特点显然与生存困难、节省能量有关。对食物和能量精打细算，才可能使真洞穴蜘蛛在食物有限的不利条件下生存更长时间。真洞穴蜘蛛在行为上也表现有其适应性，例如有两种夏威夷洞穴狼蛛，原本是张网捕食的蜘蛛类，但长期移居洞穴生活，改变了它们的习性，成为奔走于洞穴内食物较丰富部位的游猎蜘蛛。

28. 幽居深洞的无眼盲蛛

世界上有奇特的洞穴蜘蛛，就有潜心探究洞穴奇异物种的科学家。近年，德国研究节肢动物的专家彼得·贾戈尔在老挝的一处山洞里有了新收获，他发现了一个洞穴蜘蛛新物种，这是科学界前所未知的真正无眼的盲蛛。

发现一个新物种绝非易事，真洞穴蜘蛛的发现者大多是深大洞穴的探险者。贾戈尔凭着超人的勇气和学识，长期深入世界各地的黑暗洞穴，在人迹罕至的幽冥世界里反复探寻。功夫不负有心人，他终于在一个长达数千米、深达百米，阴森寒冷、没有一丝光亮的洞穴深处，发现了这种稀奇的真洞穴蜘蛛。经鉴定，这

图64　（A）斯古里昂中遁蛛全身灰白，缺少色素，一看便知这是黑暗世界的隐居者。（B）头部
　　　完全无眼，说明这类洞穴蜘蛛早就长期隐居在黑暗的地下深洞，无用的眼完全退化消失。

是目前人类已知的世界上唯一的无眼蜘蛛，这种无眼蜘蛛被命名为斯古里昂中遁
蛛，属于巨蟹蛛类（图64）。

　　斯古里昂是一家洞穴照明灯公司的名称，中遁蛛是较早（1881年以来）发现
于中国等亚洲各国的一类（几十种）洞穴蜘蛛的总称。所谓"遁蛛"，就是"遁
入洞穴"过隐居生活的蜘蛛之意。在发现斯古里昂中遁蛛之前，贾戈尔已经发现
过只有两只眼的中遁蛛，命名为贾氏中遁蛛。

　　斯古里昂中遁蛛，体长只有1.2厘米，每条长腿却达6.0厘米，但这个物种的长
腿并不是洞穴蜘蛛类中最长的。斯古里昂中遁蛛生活在暗无天日、食物稀少的深
洞中，只能依靠触觉灵敏的长腿，快速跑动，辛勤地四处爬行，才能填饱肚皮。

五 传宗接代也靠蛛丝

29. 生长蜕皮需用蛛丝

蜘蛛个体分雌蛛、雄蛛。在体形大小方面，游猎蜘蛛雌、雄个体大小相近，只是雄性体色斑纹比较明显，步足更细长；而在结网蜘蛛中，雌、雄个体大小相差明显，一般雌性蜘蛛比雄蛛大4倍左右，个别种类雌蛛体积达雄蛛的20倍（图65）。通常，雄性蜘蛛的触肢变成交配器官，其末端膨大或生长有更多的毛及装饰物等。

蜘蛛自幼体外包裹着一层称为"外骨骼"的坚实的保护性外皮，这层外皮不会随蜘蛛的成长而变大。因此，伴随身体不断长大，蜘蛛必须一次次更换外皮，这就是蜕皮。幼蛛长大的过程中伴随着多次蜕皮，最后一次蜕皮后就变为性成熟的成年

图65 澳大利亚赤背蜘蛛的大块头雌蛛和小个子雄蛛。

蜘蛛，并立即会繁衍后代。

蜕旧皮换新皮是每一只蜘蛛生长过程中必不可少的经历，如同昆虫幼虫长大要蜕皮一样。不同种类的蜘蛛一生中蜕皮的次数不一样，据报道为4～20次。小型蜘蛛蜕皮次数少（4～5次），中型蜘蛛蜕皮次数较多（7～8次），大型种类可达15次以上。蜕皮一次增加一个龄期。有研究者饲养中华狼蛛，观察记录其新生幼蛛经历6次蜕皮，共7个龄期后变为成年蛛；国外研究报道，

图66 即将完成一次蜕皮过程的狼蛛。在旧皮蜕掉之前，里面的新皮已经准备好了。

有些大型狼蛛一生蜕皮12次（图66）。雌蛛通常比雄蛛个头大，蜕皮次数也就多1～2次。栖息环境的温度、湿度及食物等生态条件会影响蜕皮间隔时日及龄期的长短。

蜘蛛每次蜕皮除了体积变大外，各部分器官也相应发生变化，尤其以最后一次蜕皮时变化最明显，产生了结构完整的性器官。小蜘蛛生长过程中如果附肢遭到毁坏甚至缺失，在蜕皮时能够再生出新的，也有可能恢复到应有的大小；但成年蜘蛛的步足损毁了就不能再生。

蜘蛛蜕皮好比换一件合适的"外套"，但可不像我们人类换衣服那么容易，要有一个支撑点让蜘蛛抓住，旧皮才能顺利蜕下。蜘蛛蜕皮过程中要是受到干扰、惊吓，可能会造成畸形甚至死亡。刚蜕过皮的蜘蛛身体尚未变硬，柔软脆弱，这时极易受到天敌的侵害。

生存竞争使得蜘蛛演化出多种安全蜕皮的办法。例如，穴居蜘蛛蜕皮前吐丝封闭洞口；游猎蜘蛛编织袋状丝囊躲在里面蜕皮；树栖蜘蛛寻找树洞或树皮裂隙隐蔽蜕皮；有些新生幼蛛在钻出卵囊前就已安全蜕皮1～2次。所有保障蜘蛛顺利蜕皮的方法和途径，全都需要蛛丝的帮助。

30. 雄蛛"移精"要靠"精网"

性成熟的雌、雄蜘蛛不像昆虫那样立即交尾配对。在蜘蛛的求偶、交配活动中，蛛丝起着重要的作用。雄蛛在寻找配偶准备交配前，先要吐丝织好一张很小的"精网"，然后排出精液滴在精网上，再用一对触肢交替蘸取精液，将精液移至两触肢末端的储精囊内储藏。雄蜘蛛这种独特的"移精"行为，在动物界实属独一无二。雄蛛完成这套准备工作后，才寻找和接近性成熟雌蛛，展开求偶活动（图67）。

求偶蜘蛛会"谈情说爱"。各种蜘蛛求偶行为表现不同，有的以弹丝传情。例如，结圆网的蜘蛛，求偶雄蛛通常停在雌蛛的网边，用步足或触肢弹动网丝，

图67 求偶雄跳蛛浑身变得更加光彩靓丽，对着雌蛛不停地舞动那对装饰漂亮的触肢（红色箭头所指）。

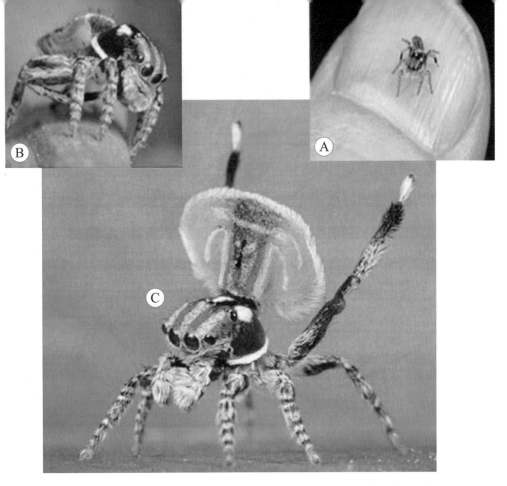

图68 （A）大小如同蚂蚁的孔雀蜘蛛，在人指甲上只占一小部分；（B）生殖季节时雄孔雀蜘蛛四处寻找雌伴侣；（C）求偶雄蛛的舞蹈与"开屏"。

要是雌蛛接受，便弹丝回应或迎向雄蛛。有的很会炫耀示爱，成熟雄蛛来到雌蛛面前，舞动一对步足，在雌蛛的前后左右摇摆、跳跃，以舞姿示爱求婚。例如，属于跳蛛类的孔雀蜘蛛，体形非常小，身长仅约4毫米，仅如一只蚂蚁般大小，只有通过特殊微距摄像才能清晰地看到其华丽的外表。雄蛛全身色彩艳丽非凡，腹部软毛的花纹犹如雄孔雀的尾屏，在求偶交配时期也像雄孔雀一样会"开屏"，卖力地在雌蛛跟前炫耀其矫健美艳的身姿，通过连续的摇摆、跳跃等舞蹈动作吸引异性，达到交配的目的（图68）。孔雀蜘蛛"开屏"求偶的视频已经由网络传遍世界各地，观赏者无不惊叹大自然动物界的奇妙。

图69 在同一张网上生活的雌、雄络新妇蛛。

狼蛛的求偶行为表现也很明显，雄蛛发现有雌蛛，即做出典型的求偶姿势：高举步足，触肢碰地、画圈，腹部上下振动，有的还会发出轻微声响。雄蛛重复并强化它的求偶动作，如果雌蛛靠近并触碰雄蛛，两性配对即告成功。雄蛛迅速将存有精液的触肢伸入雌蛛生殖孔内，把精子送到雌蛛纳精囊中，完成交配受精过程。

络新妇蛛配对情况极其特殊。雌、雄个体大小悬殊：雌蛛体长3.5～5.0厘米，雄蛛体长只有0.7～1.0 厘米。络新妇蛛属于园蛛家族，雌蛛在灌木丛或林间结大型圆网，雄蛛自身不织网，长时间待在雌蛛网的一侧相伴（图69）。雌蛛织的大圆网达1米宽，有利于雄蛛避开雌蛛，安全地待在网的另一边。由于这种蜘蛛的网丝色泽金

黄，因此又名"金丝蛛"。性成熟的雄蛛会就近找雌蛛交配，但雄蛛如果不够小心，有时会被雌蛛当作"小点心"吃掉。

奇异盗蛛名字奇异，求偶行为也有奇招。雄蛛会将捕获的昆虫以丝缚住，作为"礼物"送给雌蛛，当雌蛛专注取食时，雄蛛就趁机交配。

繁殖期间，有些种类雄蛛直接奔向雌蛛网中，通过接触向雌蛛求爱。也有研究报道，某些种类雌蛛在完成最后一次蜕皮变为成年蛛后，能散发出性外激素，同种雄蛛借助化学感受器找到雌蛛，相聚交配（图70）。

长大成熟的雌、雄蜘蛛，是否和高等动物一样，会为争夺配偶而争斗？

图70 一对红膝捕鸟蛛正在交配。

69

答案是肯定的，争斗行为通常出现在两雄蛛之间。在游猎蜘蛛中，当两只成年雄蛛在一只雌蛛跟前相遇时，它们会互相做出威胁的姿态，有时甚至打起来，主动发起攻击的一方似乎更来劲，常成为胜利者，斗败者只得灰溜溜逃走，得胜者立即转向雌蛛，摆动附肢展示求偶动作。

织网蜘蛛也有同样的情况，例如两只雄三角皿蛛在一只雌皿蛛的网上相遇，两雄蛛发生争斗：开始以螯牙相向，前足相对，快速振动腹部，以此威胁对方；如果都不退让，就互相逼近，最终开战，以足尖推搡对方，用螯肢互相钳夹。通常的结果是块头大的斗赢，斗败者被从网上推落。不过，蜘蛛争斗只决输赢，不拼生死。

争斗的雄蛛从不对雌蛛使用"暴力"。雌蛛防卫的只是别个雌蛛，不让它侵入自家的"网络"领域，并不攻击前来求偶的雄蛛。但有些雌蛛交配后会活活吃掉雄蛛。

蜘蛛交配之后，精液即储于雌蛛纳精囊内。蜘蛛只要交配一次，母蛛便能多次受精产卵，也可能一生都能产受精卵。这对于蜘蛛多子多孙、种族繁盛具有特别的生物学意义。

31. 母蛛护卵不离"丝囊"

交配后不久母蛛便会产卵，产卵数量因种而异。蜘蛛的繁殖力强，通常一只母蛛在一个生殖季节内可产100多粒卵，包在一个卵囊内。个体大的蜘蛛产卵的粒数较多，大型捕鸟蛛一次产卵可达500粒；拟环纹狼蛛一生可产卵囊4～8个，每个囊内有数十至上百粒卵。

母蛛临产前要预先吐丝织好一张网垫，然后将成熟的卵产在网垫上。蛛卵全

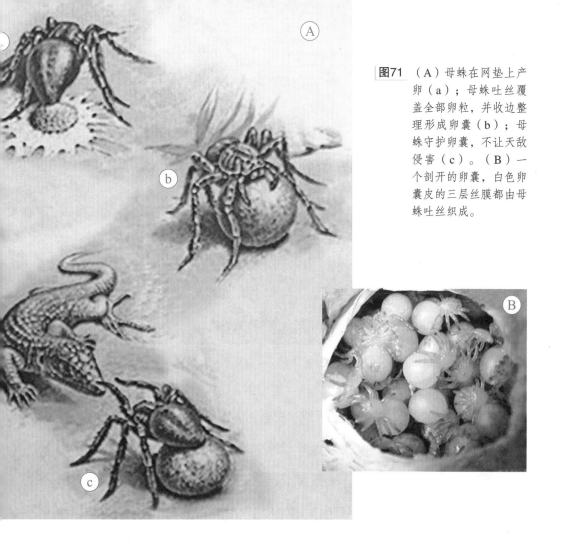

图71 （A）母蛛在网垫上产卵（a）；母蛛吐丝覆盖全部卵粒，并收边整理形成卵囊（b）；母蛛守护卵囊，不让天敌侵害（c）。（B）一个剖开的卵囊，白色卵囊皮的三层丝膜都由母蛛吐丝织成。

部产完后，母蛛便吐出坚韧的护卵丝织成卵囊皮，将卵统统包裹保护起来。卵囊保温保湿又防水，还能保护卵粒免受外界的伤害。卵囊由内、中、外三层丝膜构成，内层柔软，直接接触并包裹卵粒，中层维持稳定的内环境，外层起加固与支撑作用（图71）。

蜘蛛的卵囊结构精致，外部颜色多样。各类蜘蛛卵囊的形状、色泽、放置地点、保护方式等不尽相同。多数卵囊为圆形或椭圆形。

蜘蛛亲子之情表现明显。有的母蛛产卵前寻找隐蔽场所，将卵囊产于碎石下或泥块缝隙间，以保障卵囊有更好的存活机会；也有些母蛛生产以后对自己的卵

图72 这种结网蜘蛛母蛛把它的巨大的卵囊挂在枝叶附近的网丝上，并且在旁边守护。

囊不再关注。洞穴蜘蛛将卵囊置于相对安全的洞穴底部。稻田里的管巢蛛将稻叶顶端折卷成粽子形，里面构成丝质巢，母蛛和卵囊均藏在巢内。

图73 游猎生活的母蛛，用触肢和步足贴胸紧抱卵囊，携带、保护自己的后代。

结网蛛大多将卵囊吊在网内或网边植物上，母蛛时刻守护（图72）。不结网的猫蛛、蟹蛛等将卵囊产于植物叶片卷起的丝巢中，雌蛛在旁看管，遇到惊扰会携带卵囊逃离险境。

有的游猎蜘蛛母蛛将卵囊带在身边。如游猎狼蛛以纺器突起携带卵囊，巨蟹蛛用螯肢衔住卵囊，跑蛛以触肢贴胸护住极大的卵囊。很多母蛛可以长时间不吃不喝，专心致志保护卵囊（图73）。

　　北美洲常见的狡蛛母蛛体形大，步足伸展时可达7.5厘米。其卵囊内含数百个卵，母蛛携带卵囊四处游猎，直到幼蛛快孵出时，才把卵囊黏附在植物上，周围包以叶片，并继续守护。

　　母蛛对后代可谓百般呵护。有些母蛛会将卵囊放进特制的丝网，给卵增加一层保护，并守候在旁边等待卵孵化；有些母蛛妈妈将孵化后的新生幼蛛放进自织的"保育网"，继续照料；有些母蛛昼夜背带着幼蛛，直到它们能独立捕食才让离开（图74）。母蛛对子女的照顾，可谓尽心尽责。

图74 背带着近百只幼蛛的中华狼蛛妈妈，离开洞穴，奔波在草丛中寻找食物，同时照顾孩子们的安全。

　　穴居的中华狼蛛妈妈就特别疼爱孩子，不辞辛劳护卵育幼。母蛛产卵后将卵囊挂在吐丝器的突起处，雨天用蛛丝严封洞口，晴天会用前足托起卵囊到洞口晒太阳；幼蛛孵化爬出卵囊后，母蛛帮助它们趴伏于母体背部，并不辞辛劳背带上百只幼蛛，离开洞穴，四处寻找食物。幼蛛直到蜕一次皮后才离开母蛛背部，但仍不离狼蛛妈妈的洞穴，三龄时才离家独立生活。

拟环纹狼蛛母蛛也如此，它们会用足帮助新生幼蛛爬到妈妈的腹部背面。从幼蛛开始爬出卵囊到全部爬至母蛛身上，需要6～8小时；幼蛛停留在母蛛背部生活的时间为2～9天。几天后，待幼蛛体内储存的卵黄消耗完，经一次蜕皮后，才纷纷离开母蛛，开始独立的游猎生活。

通过种种实例可见，母蜘蛛表现出伟大母爱的本能。后代得到精心照管，这也是蜘蛛家族繁衍不息的原因之一。

32. 幼蛛飞航，八方安家

蜘蛛的发育过程不经过变态，由蜘蛛卵孵化出的幼蛛形态类似成年蛛，称为若蛛（图75）。新生若蛛身体虽很柔弱，但却有着令人难以置信的"远航"能

图75 一堆蛛卵几乎已同时孵化，新生幼蛛（若蛛）纷纷向四周扩散。

图76 幼蛛飞航，飘移四方。实际上，新生幼蛛很小，它们身上带着的细丝人眼根本看不清。

力，这种能力是依靠蛛丝来实现的。

原来，幼蛛会爬到草丛、灌木或树枝高处，从吐丝器牵出一根丝来，幼蛛身体就挂在这根纤细蛛丝的末端，随上升气流腾空而起，随风飘移，飘到适宜的地方去生活。在有风的天气，幼蛛可能随风"飞"好几千米远（图76）。

夏末时节，当幼蛛大量孵出时，人们如果注意就能看到空气中飘移的一根根或一团细丝，那不是头发丝，也不是长花丝，那是幼蛛借助蛛丝在飞航。飞航使幼蛛迅速扩散，飞航的蜘蛛能够落到远离大陆的海岛或船上，曾有人在飞行高度3 000米的飞机上采到过幼蛛。飞航扩大了蜘蛛的生活领域和分布范围。

皿蛛、园蛛、狼蛛、盗蛛、球腹蛛、管巢蛛、蟹蛛和跳蛛等类群，它们的幼蛛都能够进行飞航活动，因此分布比较广阔，有些种类甚至广布全球。

兴旺发达的蜘蛛家族

33. 丰姿多彩，世界惊艳

古老的蜘蛛类群，在地球上繁衍生息已经几亿年，是至今依然门庭兴旺的动物大家族。而且，蜘蛛是一类分布很广的动物，地球上除了南极洲以外，其他六个大洲都生活有蜘蛛家族的成员。

图77 如同毛绒玩具的火玫瑰蜘蛛，被很多"蛛迷"养为宠物。

在日常生活中，人们见到的蜘蛛大多体色灰暗，又小又丑，并不讨人喜欢。其实，我们所能见到的，只是蜘蛛家族中极少数种类，而且几乎都是生活在居民住宅区或农田的习见种。如果我们认真、仔细地以科学的方法观察蜘蛛家族，便会惊奇地发现，许多毫不起眼的小小蜘蛛，它们靓丽多彩的容貌、令人赏心悦目的身姿，绝不亚于自然界最美丽的昆虫和其他奇妙的动物。

例如，受到世界各地"蛛迷"宠爱的火玫瑰蜘蛛，全身布满绛紫和辉蓝色绒毛，性情温顺，令各地"蛛迷"爱不释手。这种蜘蛛原产于智利干旱地区，已经被世界各地竞相引进饲养（图77）。

又如大小只有6毫米的蓝眼跳蛛，在摄影师的微距镜头下，它靓丽的容颜才得以显现。眼睛超大表明它是游猎蜘蛛，深蓝色眼表明它白天捕猎（图78）。

图78 蓝眼跳蛛天生一副靓丽容颜。

图79　一种超级艳丽的孔雀蜘蛛成熟雄蛛的求偶舞蹈姿态。

　　前面讲到的孔雀蜘蛛，产于澳大利亚，已知的约有20种，全都国色天姿，被公认为世界上最美的蜘蛛类群。图中这种雄孔雀蜘蛛求偶的炫耀姿态，如同杂技"拿大顶"一样精彩，高举过头顶的是它的腹部及第三对足（图79）。

　　自然界中漂亮蜘蛛成千累万，不胜枚举。随着科学技术的发展和学者们对蜘蛛研究的深入，蜘蛛家族新成员不断被发现，目前全球有记载蜘蛛达到4万多种，物种多样性仅次于昆虫类，高居动物界第二大类群。如此丰富多样的蜘蛛家族，令人感到惊奇和欣喜。

　　环境的复杂程度决定生物的多样性，在人迹罕至的雨林、荒漠、苔原等生境中，像蜘蛛这类小型无脊椎动物，估计尚隐藏有许多未知的新物种。

　　近年来，蜘蛛拥有的超凡脱俗的能力、潜在的利用前景以及科研学术意义得

到更深入的发掘，促使人们进一步关注蜘蛛的多样性及其经济价值。除了捕食类型多样，其栖境选择也十分宽广，森林、草原、荒漠、水域、洞穴、农田、果园、菜地、居民住宅……到处都有蜘蛛；其大小从大如人的拳头到小比芝麻都有；其形体结构在共同特征前提下又千变万化，很多种类蜘蛛的体色和斑纹美艳绝伦，玫瑰红、金属蓝、孔雀绿流光溢彩，格调高雅。难怪有艺术家称赞：蜘蛛形体如同雕塑，简直像是外星来客（图80）。

蜘蛛不但美丽非凡，也是地球上最成功的掠食动物之一，拥有各种傲人的"武器"和技能。有迅雷不及掩耳的速度，有像手指一样灵活的附肢，有堪比枪矛尖利的足爪，还有能见机行事、迅速分泌毒液的螯牙，能够麻利地制服对手。同时蜘蛛是产丝用丝的高手，多种类型的蛛网和丝绳是纠缠、捕捉、困住猎物的死亡陷阱，也是蜘蛛自身安全的保障。

图80 这只健康成熟准备求偶的雄红斑跳蛛，美得如同盛装的新郎。

34. 生存有道，家族兴旺

蜘蛛是多种小动物的杀手。同时蜘蛛面临的危险很多，蚂蚁、蜈蚣、蟾蜍、蛙、蛇、蜥蜴、鸟类，都捕食或杀灭蜘蛛。捕食性昆虫和某些寄生虫是蜘蛛的天敌。凶猛的蜘蛛也会捕食弱小的蜘蛛。蜘蛛的卵囊还是多种鸟类掠取用以造巢的原料。蜘蛛要在自然界生存和发展，必须具备抗御和应对危险的本领。

尽管天敌众多，但在长期自然选择过程中，蜘蛛不断形成多种防御敌害、自我保护的技能。蜘蛛家族以丰富的多样性，体现其生存策略的成功。分化出多种生态类型，证明它们能够适应各种环境，这也是蜘蛛家族兴旺发达的秘诀所在。

蜘蛛家族全方位的防御与安全措施，真如"八仙过海"，各显神通。普通种类的螯肢和毒腺，算是常规武器；有些种类的毒液含强烈神经毒素，就成为特种武器。螯肢和毒腺既是捕食的利器，也是防御的法宝。

如同昆虫一样，体色鲜艳靓丽的蜘蛛通常是有毒的，鲜艳的色彩就是"警戒

图81 棘腹蛛形体怪异，真是"名如其蛛"，腹部斑纹与色调鲜明，两侧的6根棘刺，十分锐利显眼，明摆着警告来犯者：别来惹我！（A）圆形棘腹蛛；（B）哈氏棘腹蛛。

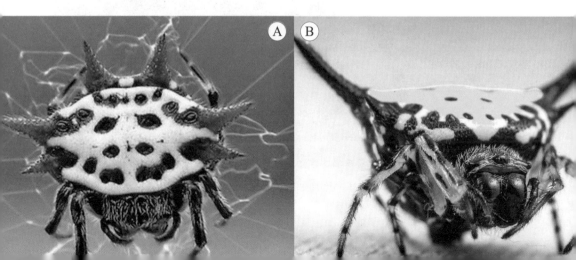

图82 这种绿色蜘蛛全身色泽与叶片颜色近似，如同植物茎叶的细长腿，使它在植物丛中更有隐身奇效。

色"。棘腹蛛除有螯肢和毒腺外，腹部还长着6根强棘刺，那副模样天敌哪敢招惹（图81）！

　　许多种蜘蛛具有保护色，体色与栖息环境和谐一致。例如生活在树皮

图83 这种长腹蟹蛛全身如同穿着透视装，不但能隐身避敌，还能埋伏突袭猎物。瞧，它的螯牙刺进猎物腹部了。

下的刺跗逍遥蛛，身体的色泽及斑纹类似树皮；许多在叶片上生活的蜘蛛，全身基本色调都是绿色（图82）；绿腹新园蛛腹部为鲜绿色；绿蟹蛛常在叶面活动，体色能变化。保护色使得它们既能安全隐蔽，还能成功地等待猎物来到身边（图83）。蟹蛛类中的弓足花蛛生活在植物上，也能随所在生境变换体色，常见于花朵上，在

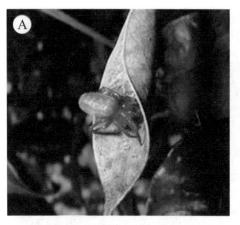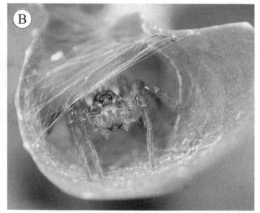

图84 （A）吊叶蛛把自己圆网上的干树叶当作隐身盾牌；（B）拟环纹豹蛛以丝线牵拉树叶做成临时隐蔽用叶巢。

白花上身体呈白色，在黄花上身体呈黄色。

隐匿或伪装保护是许多种类蜘蛛惯常的求生伎俩。有的潜居在石块下面或树木裂隙、泥土缝隙之中；有的潜藏于自己挖掘的洞穴中；有的还以丝线自制洞盖，严防外敌发现。属于园蛛类的吊叶蛛，常潜藏在随风飘来飘去并吊挂于其捕虫网上的干树叶中（图84A）。有些游猎蜘蛛在幼体阶段或生殖产卵期，会将叶片卷起，织丝幕以暂时隐藏避敌（图84B），或将卵囊产在丝巢里面。

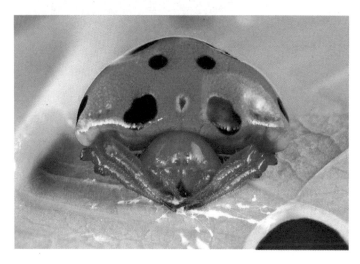

图85 瓢虫蛛拟态昆虫类中的瓢虫。真是惟妙惟肖，要不是露出8条腿，还真像大红瓢虫。

有些极狡猾的蜘蛛，它们不藏匿、不隐蔽，而是装模作样地拟态栖境中的动物（图85）、植物甚至地景地物如鸟粪（图86）、砂粒等，以此迷惑天敌，而免于受到攻击，同时伺机捕食。例如瓢虫蛛的体形、体色、斑点都极像瓢虫。蜘蛛为何拟态瓢虫？原来，瓢虫味道酸臭难吃，食虫鸟儿不爱吃它，假冒瓢虫的模样利于瓢虫蛛平安度日。

蚁蛛属于跳蛛类，它们不仅外形像蚂蚁，行走步态及动作迅速程度也都很像蚂蚁。蜘蛛几乎都是单独生活的，而蚁蛛的生活方式也模仿蚁类，过集体群居生活（图87）。

图86 两种鸟粪蛛。拟态鸟粪的蜘蛛可不止这两种，看来这一招足以蒙骗天敌，化险为夷。

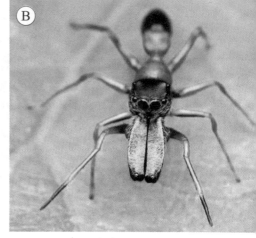

图87 拟态蚂蚁的蚁蛛：（A）黄蚁蛛；（B）长钳蚁蛛。它们都有超长而且十分强壮的螯肢。

某些种类的园蛛和球腹蛛在网上遭遇危险时，能利用逃逸丝迅速坠入草地中，并装死不动，等到险情过去，才"复活"过来，沿下落途径收回垂丝回到原处，或逃避到隐蔽之处。有的蜘蛛遇敌紧急，会自切步足保全生命，幼蛛断掉的腿在下次蜕皮时能够再生长出来，成体蜘蛛丢失的附肢不可再生。

　　蜘蛛耐饥饿能力超强。守护卵囊的母蛛，可以长时间不吃不喝。有学者曾研究报道，一种球腹蛛被装入管中，不提供任何食物，竟存活了18个月；还有研究者曾对捕鸟蛛只给水不给食，其中一只竟活了28个月。具有如此顽强的生命力，难怪蜘蛛在荒漠、草原、苔原等严酷的生境中也能生活及繁衍。

　　有时，蜘蛛捕获的猎物一顿吃不了，它们就想方设法保存食物。结网蛛和游猎蜘蛛都会吐捆绑丝包裹猎获物，留给自己下一顿享用。据研究，蜘蛛抽丝缠绕猎物的速度飞快，每秒快到缠绕7~8圈，比人手动作还快（图88）。蛛丝包裹猎获物还有保鲜作用，因为蜘蛛根本不吃死尸腐肉。

图88 （A）蜘蛛抽丝捆绑猎获的蝗虫；（B）蜘蛛倒挂着包裹猎物同样快捷利索。

　　蜘蛛具有超强耐受饥渴的能力，那是对不良环境的适应；而蜘蛛捆绑保存猎获物对其生存与繁衍意义重大，因为蜘蛛绝大部分食物是昆虫，如遇天气状况不

好，例如阴雨天、飓风天，很多昆虫躲藏起来不活动，这时候存储的食品便可照常提供营养，保证蜘蛛体质强壮，繁衍更多的后代。应该说，蜘蛛保鲜食品的方法比人类发明冰箱早了上亿年。

几乎所有蜘蛛都很会过日子，它们经常需要吐丝、用丝，蛛丝是丝蛋白，产丝要消耗身体的能量。蜘蛛懂得怎样有效、高效地利用丝材料，对于破损、废弃的丝网、丝线毫不浪费，全部回收，统统吃进肚子里，重新生成丝液再应用。

种种例证说明，蜘蛛家族一方面善于捕食，繁殖力旺盛；另一方面，蜘蛛适应环境的能力高强，其自我防护及安全措施无不尽善尽美，令人称奇叫绝。高繁殖率与低死亡率是种群增长的条件，这也是蜘蛛族群兴旺发达、世代绵延的保障。

35. 超大超酷的捕鸟蛛

无论是谁第一次听到"捕鸟蛛"这个名字，都会感到异常惊讶。真的有蜘蛛能捕食飞鸟吗？有人亲眼见到蜘蛛捕鸟吗？是谁第一个发现蜘蛛捕鸟的？

发现捕鸟蛛的第一人，是300多年前的一位超凡脱俗的德国女学者兼画家玛丽亚·西比拉·梅里安。那是她不畏艰险深入南美苏里南热带雨林，考察研究昆虫和植物时的惊世奇遇，当时她亲眼看到一只超大超酷的蜘蛛正在吸食一只小蜂鸟，便用画笔将此场景记录下来。

梅里安（1647~1717）出生于德国一个艺术世家，擅长以自然主义方法研究和描绘昆虫与植物。1685年梅里安迁居荷兰，1699年得到荷兰政府的资助，踏上了探索苏里南自然风貌的旅程。苏里南属于典型热带雨林气候地区，那里有绚丽多彩同时危情四伏的野生世界。那时绝大多数欧洲人对那里几乎一无所知。梅里

图89 当年梅里安看到和描绘的蜘蛛捕鸟情景图。她在画作背面写道："蜘蛛把鸟吸干，鸟儿的红爪挣扎。"右上方图是1992年印在德国500马克纸币上的梅里安头像。

安勇敢的开拓性探险举动，在当时不仅得不到大众像对待男性探险者那样的赞誉和支持，相反招致了许多非议和嘲讽。

在苏里南研究居留的两年期间，当时已经52岁的梅里安，以惊世骇俗的非凡勇气和自强不息的坚韧精神，战胜了无数的艰辛险阻，完成了数量惊人的工作任务。她遍寻蝶蛾及蜘蛛，细心考察并描绘，她所描绘的动物和植物毫发毕现、栩栩如生，严格忠实于生物的自然状态（图89）。

通过在南美热带雨林出生入死的自然探险，她积累了丰硕的博物图谱，带给世界惊人的科学发现。然而，梅里安在世时，她的研究成果并没有得到多数科学家的认同和重视，其中那幅"巨型蜘蛛捕获一只飞鸟"的翔实画作，甚至给她带来了长达半个世纪的骂名。当时，许多人愚昧地认为，蜘蛛是自然界阴险凶恶的动物，吃鸟的蜘蛛无疑是魔鬼的化身，而看到魔鬼蜘蛛的梅里安就是"与魔鬼共舞的女人"。

"是金子终将发光。"直到 20 世纪后期，后世的昆虫学家及自然史绘画学者们，从梅里安遗留的精妙画作中感受到自然界生命的气息，领略到她过人的智慧和旷世的才情，不仅重新发掘她的研究内涵，而且推崇备至，盛赞她是"把科学的严谨和艺术的美感融为一体"的创新者。自此梅里安的作品在社会上广受欢迎，她也受到了各方面的关注，从"魔女"华丽转身为一位国际公认的杰出女性。

梅里安70岁时在荷兰阿姆斯特丹去世。她的祖国德国特别以她为荣，1992年发行的500马克德国纸币，正面是梅里安的画像，背面则是梅里安所绘的毛毛虫和蒲公英。德国人用这种方式来纪念这位特别钟情于大自然探索的女性先驱者。

从此，这个令人难以置信的"故事"被传到了西方社会，这类蜘蛛随后被命名为"捕鸟蛛"（图90）。

图90 南美洲有多种小型蜂鸟。如果母蜂鸟只顾专心孵蛋，悄无声息潜行而来的捕鸟蛛很可能捕鸟得逞。

图91 （A）原产于墨西哥的红膝捕鸟蛛；（B）一种美洲产蓝牙捕鸟蛛。它们都有炫酷艳丽的外貌，如同毛绒玩具一般的躯体。

目前全球已发现和记载的捕鸟蛛近千种。美洲、非洲和亚洲都发现有捕鸟蛛，主要栖息在热带、亚热带森林地区。印度和斯里兰卡有树栖捕鸟蛛，其中蓝宝石华丽雨林蜘蛛、红膝捕鸟蛛等都以大型、炫酷艳丽著称，许多种类目前已稀有甚至濒危（图91）。我国广西、广东、海南、台湾等地也已发现多种捕鸟蛛，著名的有海南捕鸟蛛、虎纹捕鸟蛛等。

多数捕鸟蛛体形超大，全身密生细毛，有绚丽的色彩和奇异的外貌，螯牙强大有力，毒液量多毒性强，捕食凶猛巧妙。它们多在夜间活动，白天隐藏于地下巢穴、树洞或蛛网附近。多数捕鸟蛛穴居生活，在洞口附近地面布丝设网，依靠网线和地面的震动来感知猎物的到来，从而出洞攻击捕食。即使猎物是有毒的蝎子、蜈蚣、小兽甚至蛇类，都可能遭到捕鸟蛛的袭击，毒昏后被吃掉（图92）。

有一段令人震撼的视频，真实展现了生活在亚马孙流域热带雨林中巨型捕鸟蛛的神勇和智慧。通过布设在洞口的信息丝，捕鸟蛛察觉一条2.4米长的剧毒矛头蛇到来，它隐蔽在黑暗洞穴的有利角落，猛然一咬，给毫无警觉贸然爬进洞来的毒蛇注入足量毒液，毒蛇毫无反击的机会，这顿美味蛇羹让这只捕鸟蛛足足食用了17个小时。

捕鸟蛛体形大，但却是原始的蜘蛛类，多数不依靠织网捕食，主要依靠力量和速度捕捉猎物，它们日常主要食物还是昆虫及其他小型节肢动物。当然，遇到合适的蛙类、蜥蜴、小鸟、小兽，只要它们能搞定，也会捕食的。

少数树栖结网捕食的捕鸟蛛，一旦察觉有昆虫、蜥蜴、树蛙甚至小鸟被网黏住，就会迅速抓住并毒昏猎物，使它们成为到口美食。

图92 大型捕鸟蛛轻易便能捕到和毒昏小鼠，并津津有味地吸食小鼠肉汁。

捕鸟蛛在受威胁或惊吓的情况下，可能会用螯牙螯人，但其毒液对人类的危害相对较小，如同遭遇一只黄蜂的一次叮螯；更需防备的，倒是某些种类捕鸟蛛具有的"踢毛"行为。当它们遭遇天敌攻击或受到惊吓时，会用腿脚"踢"落腹部部分特殊的"螯毛"，这些毛具有强烈的刺激性，敌方肉体哪怕沾上一点，也会因奇痒难忍而退却。要是螯毛进入敌方眼中，就成为难以抗御和清除的"超微武器"。

捕鸟蛛由于体形大，雌蛛需要2～3年才发育成年，多数雌蛛能活15～25年；而雄性捕鸟蛛成熟交配后很快便死亡，只有3～6年的生命期。母蛛能连续产卵十几年，第一次产卵量50～100粒，之后最多可产卵300～500粒。

36. 世界上最大及最小的蜘蛛

捕鸟蛛是蜘蛛家族中的巨人，世界最大蜘蛛的桂冠，属于生活在南美热带雨林中的亚马孙巨捕鸟蛛，又叫格莱斯捕鸟蛛。目前吉尼斯世界纪录所承认的最大个体是一只雄性巨捕鸟蛛，是帕布罗-圣-马丁探险队于1965年4月在委内瑞拉的里奥-卡维罗捕捉到的，体长13.5厘米，足展宽28厘米，体重达135克，其大小差不多和成年人拳头相仿（图93）。养殖条件下，雌性巨捕鸟蛛的寿命可达25～30年。树栖捕鸟

图93 身强体壮、步足发达的亚马孙巨捕鸟蛛。

蛛的巨大蛛网能抗得住300克的质量。

野生的亚马孙巨捕鸟蛛藏身在树洞里或侵占老鼠洞穴，有时会钻到很深的地下。作为无脊椎动物的蜘蛛类，能够攻击并吃掉脊椎动物，无疑具备一定的先天条件：其一具有超大的体形和出众的力量；其二具有凶猛的性格，敢于发起攻击；其三毒液量多而且毒性较强，能够制服猎物。因此，蛙类、蜥蜴、蛇类、鸟类以及蝙蝠、小老鼠等小型兽类，都可能沦为它的食物。不过，和其他捕鸟蛛一样，它们通常捕食的还是蝗虫、蟋蟀、野蜂、甲虫、蛾蝶类或蜈蚣、马陆、蝎子等无脊椎动物。

亚马孙巨捕鸟蛛产自亚马孙热带雨林区。此外，有报道提出，委内瑞拉巨粉红捕鸟蛛比亚马孙巨捕鸟蛛体形还要大，是世界上足展最宽的捕鸟蛛。实际上，所谓世界上"最大的蜘蛛"的说法不是绝对的，随着蜘蛛研究的深入和调查范围的扩展，更大的种类或个体完全有可能被发现。

尽管亚马孙巨捕鸟蛛以及其他大型捕鸟蛛外观凶猛吓人，但如果不去招惹它们，它们其实并不主动攻击人，对人类并无威胁。即使招惹了它，它的毒牙咬了人，刺穿了人的皮肤，据说疼痛感并不比遭受一只黄蜂螫刺强烈多少。当然，我们还是应该尽量避免招惹它们。

自然界里再凶猛的动物也会有天敌和克星。有一种超级大黄蜂是捕鸟蛛的天敌。雌大黄蜂能用毒针扎刺捕鸟蛛，使它麻痹、昏迷，接着将卵产到捕鸟蛛的体内，黄蜂幼虫孵化后就靠吃寄主捕鸟蛛的肉体生活。

自然界中肯定有"最小的蜘蛛"，但究竟哪种蜘蛛体形最小，一直存在争议。因为太小了，野外拍摄和测量都会有实际困难。

2009年，美国《连线》杂志报道，通过一项名为"蜘蛛名人堂"的评选活动，选出了发现于哥伦比亚的雄性"帕图蜘蛛"为世界上最小的蜘蛛，其成年雄蛛大小和一枚大头针的针头差不多。另有人指出，生活于西非的雌性"安娜皮斯图拉蜘蛛"虽然比帕图蜘蛛略大分毫,但其雄蛛肯定小于帕图蜘蛛。因此,他们认为,至今尚未被人采捕到的安娜皮斯图拉雄蛛才应算是世界上最小的蜘蛛。

37. 生活在水世界的蜘蛛

　　水蜘蛛又叫银蜘蛛,是蜘蛛家族中能够真正长时间在水中生活的特殊类群。水世界也生活有蜘蛛,这更给蜘蛛的物种多样性增光添彩。

　　蜘蛛在水下安身立命,首先要解决"住"的问题。因为蜘蛛的呼吸器官是书肺和气管,必须呼吸空气中的氧气,在水下生活怎样得到有空气的住所?

　　原来,神奇的水蜘蛛也像其他种类蜘蛛那样吐丝,但它并不用丝织捕虫网,而是用丝在水下构建一个类似潜水者用的"钟形护罩",然后以自身体表密密层层的防水绒毛,从水面上吸附住许多小气泡,携带气泡注入水下

图94 把家园建在水下的水蜘蛛,丝织的钟形护罩是它安居水下的"水晶宫"。当然,水蜘蛛要求洁净的水质。

的护罩中,使护罩内充满空气。水蜘蛛就是靠这个护罩在水下安营扎寨过日子。水蜘蛛的一生都在水中度过,无论是捕食、蜕皮,还是交配、产卵、孵化,都靠"钟形护罩"的供氧而完成(图94)。

　　丝织护罩等于"氧气舱",有了它,水蜘蛛在水下过得安静舒坦,一点儿也不"憋气"。护罩里的气泡群不仅是储氧器,同时还是一种增氧机,能从周围的水中吸取氧，这其实就是人们称之为"物理肺"的供氧装置。通常水蜘蛛处于休息状态，物理肺足以保证供氧；但如果活动量大，耗氧量过多，护罩里的氧气供不应求时，水蜘蛛便上浮至水面再次带回气泡充气补充，以确保它能在水下住所中长久安全地生存下去。

图95 水蜘蛛靠捕食小鱼、小虾为生。

其次要解决"吃"的问题。水蜘蛛的食物是水中的小鱼、蝌蚪、水生昆虫幼虫和水蛭等，在水生植物丛生的水域中，水蜘蛛总能够找到食物丰富的栖居地。

38. 口味清淡的素食蜘蛛

一直以来，在传统观念里蜘蛛全都是地道的肉食性动物。然而，近期美国研究人员发现一种"口味清淡"的蜘蛛，这是人们迄今所知世界上第一种"素食"蜘蛛，实属破天荒的新发现。

这种素食蜘蛛的主要食物是阿拉伯胶树的胶蜜和嫩叶尖端的"贝氏体"，只是偶尔吃几只蚂蚁幼体。这一发现颠覆了人们对蜘蛛食性的认知，也使蜘蛛物种又增添了崭新的类型。

这种素食蜘蛛属于跳蛛类，生活在墨西哥和哥斯达黎加的热带丛林中。负责该项研究的美国维拉诺瓦大学的科学家指出：阿拉伯胶树分泌的胶蜜以及富含蛋

图96 偷走胶树上蚂蚁食物的素食蜘蛛。

白质和脂肪的贝氏体，是看护胶树的蚁群的食物。但这种素食蜘蛛具有良好的视力和认知能力，并且行动敏捷，能够机智地避开守护阿拉伯胶树的蚂蚁群，从众多蚂蚁的眼皮底下，盗取它们看守的食物（图96）。这种蜘蛛还会释放出模拟胶树上蚂蚁的化学气味，从而骗过蚁群，得以顺利偷走本来属于蚂蚁的食物。

　　在此之前，还没有人在蜘蛛家族中发现过"素食者"，尽管有些种类幼蛛会摄食少量的花蜜，但并不将其作为主要食物。

　　此外，这种素食蜘蛛的雄蛛，属于蜘蛛界的"好配偶""好爸爸"，它们会帮助"母蛛妈妈"一起照顾卵囊及年幼的蜘蛛，这在蜘蛛家族里也是前所未见的。

　　素食蜘蛛的食性如此特立独行，这意味着它们可能还具有其他非凡的生活习性，有待学者进一步研究。

蜘蛛是人类的好朋友

39. 害虫天敌，农田卫士

　　蜘蛛与人类关系密切，大多数种类蜘蛛有利于农林牧业生产，农田蜘蛛更是保卫庄稼的忠诚卫士。无论个体数量还是灭虫效率，蜘蛛均居各类捕食性动物之首，对农田害虫起着至关重要的控制作用，成为人们推行和实施生物防治的一支重要同盟军。

　　蜘蛛能力超群，性情凶猛，专门捕食活虫。它们的食谱广，食量大，繁殖力强，种群数量多，群体结构稳定，个体寿命比昆虫长。适应环境能力强，同时善于耐受饥渴。蜘蛛生态多样性丰富多样，能够捕食不同作物上的不同类型害虫。这是蜘蛛家族成为害虫天敌、农田卫士的先天有利条件（图97）。

图97 蜘蛛无论大小，捕虫能力都很高超。（A）小型游猎孔雀蜘蛛捕虫；（B）大型织网蜘蛛捕食。

在各地的农业区域中，无论农田、林地、果园或菜地，还是麦田、稻田、棉田或牧草地，到处都有蜘蛛帮助人类在守护。多种类型蜘蛛的存在，给各类害虫布下了"天罗地网"。例如，狼蛛、跳蛛在农田地面巡逻捕猎；蟹蛛在花朵和叶片上袭击害虫（图98）；园蛛、管巢蛛在枝叶上结网捕虫；狡蛛、水蛛控制水滨水面的害虫。有报道称利用红螯蛛能有效控制果树害虫，并已在世界范围加以推广。

图98 一只白蟹蛛在夹竹桃花上捕食的情景。蟹蛛个头虽小，但群体数量庞大，是一支不可多得的天然灭虫大军。

图99 黄花上的黄色蟹蛛，善于隐蔽突袭，蛾子已经被它毒昏了。

  无论是天上飞的、地上跑的，还是水里藏的害虫，都难逃织网蜘蛛捕虫网的胶黏拦截，或遭遇游猎蜘蛛和穴居蜘蛛的埋伏追杀。苍蝇、蚊子、蝗虫、蚜虫、叶蝉、飞虱、叶螨、蝽虫、夜蛾等多种害虫，都是蜘蛛的捕食对象（图99）。

  蜘蛛杀灭害虫的数量相当可观。有人考察发现，一只跳蛛一昼夜能捕食叶蝉60多只；多种蜘蛛都能捕食棉铃虫幼虫，每只每天捕食量平均42只，最高日捕食量平均达90只；一些大、中型蜘蛛每天捕食量可多达131只；有8种蜘蛛能捕食斜纹夜蛾幼虫；有些蜘蛛能捕食棉花主要害螨（棉红蜘蛛）。

有人调查稻田蜘蛛，发现蜘蛛群体数量多时，每亩可达数万只至十几万只，在捕食性天敌中占绝对优势，是捕食稻飞虱、稻叶蝉成虫和若虫的"天兵天将"。

利用蜘蛛防治农、林害虫，已在农、林业工作中逐步实施和推广，其显著效能已得到社会的认同。而且"以蛛治虫"不受黑光灯及菌制剂或农药的影响，与其他防治手段可相互配套使用。

从研究农田蜘蛛生态关系，到真正科学而实际地利用蜘蛛防治害虫，使"以蛛治虫"成为农、林害虫综合防治的重要环节和有力手段，还涉及对蜘蛛与其他动物相互制约关系的深入了解。要做好这项工作，还有许多问题有待研究，包括怎样保护蜘蛛的多样性，如何保护利用自然条件下的农、林蜘蛛，怎样提高农田蜘蛛的基础数量，怎样才能大批量人工繁殖蜘蛛然后释放至农田等。

蜘蛛群体的生物量巨大，对自然生态系统的物质循环和能量流动，有着无可替代的重要作用。保护利用蜘蛛，可以收到无污染、高效率、低成本的良好经济效益。

40. 蛛丝蛛毒，资源可贵

时至今日，许多人都知道，蛛丝既是蜘蛛赖以生存的"法宝"，也是自然界中最理想的天然纤维之一。蛛丝具有诸多优良特性，是许多其他人工合成的纤维材料所无法比拟的，就连以坚韧著称的最新型钢丝和凯夫拉纤维都望尘莫及（图100）。

蛛丝异常纤细，细到只有5‰毫米，曾被用来作为精密光学仪器镜片上瞄准用的"叉丝"。蛛丝具有强度高、韧性好、弹性好等优良综合性能，其强度分别是蚕丝和钢丝的2倍和5倍；蛛丝不溶于水和稀酸、稀碱及多数有机溶剂，对蛋白酶也有相当强的抵抗力。蛛丝耐低温性能好，在−40 ℃的条件下仍能保持其弹性，特别适合在低温场合使用。总之，用蛛丝纤维制造的物件，具有坚韧耐磨、刚柔相济的理想性能。因此，蛛丝在材料科学、生物医学、纺织工业、军事工业及航空航天等领域均有现实及潜在应用价值。

科研人员指出，蛛丝的蛋白质成分与人体具有相容性，因而可用作高性能的生物材料，如人工肌腱、人工韧带、人工器官、人造血管，以及用于人体组织修复、制作外科手术缝合线和伤口包覆材料等。蛛丝还可用作制造防弹衣、防弹车、登山救生绳的高级原料（图101）。

图100 （A）蜘蛛正在由吐丝器喷出天然蛛丝；（B）电子显微镜放大所见蜘蛛喷丝孔吐丝的情景。

图101 （A）新型防弹衣；（B）防弹坦克车。

美国芝加哥大学的研究人员证实，蛛丝比蚕丝更适合作为外科手术缝合线，因为蛛丝不仅更强韧、透明，而且无毒性，不致诱发排斥反应；它被埋入人体内不会滋生细菌或霉菌，因而用于器官移植手术效果极佳。

不同种类蜘蛛所产的丝以及不同类型蛛丝的性能当然有差别。科学家研究发现，黑寡妇蜘蛛的丝比普通蛛丝更出类拔萃，无论强度还是伸展性都更胜一筹，能承受的拉力和抗形变能力超过所有其他天然纤维。美国加州大学的研究人员已成功破译黑寡妇蛛丝的遗传密码，从而解开了神奇蛛丝的结构谜团。这一发现有助于人类加快研制仿蛛丝人工合成纤维的步伐。

近年，英国剑桥一家技术公司已经试制成功仿蛛丝高强度人造纤维。这种纤维织成的复合材料，是用来制作超级防弹衣、防弹车、坦克、装甲车等的好原料。在破译黑寡妇蛛丝结构密码的启发下，该公司成功研制的新一代高强度合成纤维，即将在医药、工程、体育、军事等领域大显身手。用于制造坚固而轻便的护甲，以及更加坚韧的手术线、人造腱、人造韧带和各种新型运动护具等。

由于蛛丝是天然动物蛋白纤维，大量获得天然蛛丝目前还非常困难，主要因为蜘蛛独居和活食的生活习性以及相互残杀的行为生态，因此不能像人工养蚕那样大批量高密度饲养蜘蛛，蜘蛛也不会像蚕那样吐丝结茧让人采收。但随着科学技术的发展，人们期待，有一天科技人员能通过基因工程，让某些菌类、植物或动物生产蛛丝，例如让蚕儿吐出蛛丝，让奶牛分泌蛛丝蛋白等。

图102 一位英国女子饲养多种毒蜘蛛。

毒蜘蛛令人害怕，而蛛毒却是珍贵的资源。研究得知，黑寡妇蜘蛛毒液含神经毒素，褐隐蛛毒液含溶血毒素，红线蜘蛛毒液也含神经毒素。捕鸟蛛毒液量多，巴西漫游蜘蛛是世界上最毒的蜘蛛。毒蜘蛛具有很高的医用价值，目前已引起科学界的高度重视。现代科学对蜘蛛的药用价值做了多方面的研究，尤其对蛛毒的药理作用进行了详细的实验和开发。美国科学家对数百种蜘蛛的毒液进行了药理的鉴别实验，发现蜘蛛毒液含有可提取的药用成分。我国在蛛毒研究方面也取得了较大成就。由于蜘蛛具有的经济开发价值，目前一些地区已开始研发规模养殖蜘蛛的产业（图102）。

虎纹捕鸟蛛是上世纪90年代在我国云南、广西一带发现的一个蜘蛛新物种，因个头大、产毒量多，被誉为蜘蛛家族中的"毒王"，从其蛛毒中分离鉴定出有很强活性的镇痛肽，有望开发成一种新型镇痛药物（图103）。

图103 亚洲产虎纹捕鸟蛛是大型穴居蜘蛛，产毒量大，人工养殖发展势头很好。

蛛毒成分复杂，对其神经毒素的研究较多，美国已经有制药公司利用蛛毒研发出一系列治疗神经系统和严重焦虑症的药物。

蛛毒的有效成分在治疗人类疾病方面具有广阔的应用前景。21世纪以来，国内外对蜘蛛毒素的研究非常重视，尤其对个体大、产毒量高的捕鸟蛛毒素的研究更为重视。捕鸟蛛的毒液具有治疗某些疑难病症的功效，因此，需求量很大。近些年来，各地人工养殖捕鸟蛛，目的不在于观赏，而在于提取蛛毒。

目前，解决蛛毒生产难题的关键，在于解决蛛源供给问题、如何开展引种驯化及人工繁殖技术。

41. 仿生研究，前景广阔

图104 两种新型仿蜘蛛机器人。

蜘蛛身体结构和行为生态的种种奥妙，使它们成为仿生学研究的极好对象，模拟蜘蛛适应环境的身体结构和生理功能，对仿生学研究具有重大现实意义。

例如，仿生学者受到蜘蛛结构与特点的启发，创造了许多样式的仿蜘蛛机器人，已在多个领域广泛应用（图104）；受到蜘蛛吐丝器的启发，创造了现代人造纤维的喷丝头；受到蛛丝高强度、高韧性的启发，英国一家公司研制成功性能类似的人造纤维。科学家还利用电镜技术，探究天然蛛丝的微观结构，通过引入特殊的纳米材料，从而获得可与天然蛛丝相媲美的仿生复合纤维。

研究得知，高度进化的蜘蛛，能织出不反射紫外线的网。蜘蛛随着进化不断调整蛛网的光学与力学特性。蛛网具有的独特几何外形，能够恰到好处地耗散飞虫撞网产生的动能。蜘蛛织网的学问和技能，可应用于设计改进人类建筑物的结构和抗震性能。

水蜘蛛建造的充气护罩，不仅是储氧器，还是制氧器，能使水中的溶解氧自行补充进护罩内。依据相同的原理，人们创建了"物理肺"供氧装置。

蛛毒性能奇妙，受毒动物只是麻痹昏睡，并不死亡也不腐烂，科学家由此得到启发，尝试发明高效安全而且作用时间长的催眠药剂，希望宇航员今后借此延长寿命，可更好地完成星际航行的任务。

图105 （A）风靡全球的影视作品《蜘蛛侠》的创作灵感无疑来自蜘蛛。蜘蛛侠的造型有可能模拟的是下图所示的火玫瑰捕鸟蛛（B）。

蜘蛛附肢上灵敏的"振动感受器"，可感知极轻微的振动，军事装备部门模拟制造出监视水下敌情系统——"海底蜘蛛"。早在20世纪60年代美国海军已建立了此类系统，能将水下各种声波转化为可检测的相应信号。

蜘蛛称得上是天才的振动分析"专家"，能精准判断振动频率和幅度，这是新型快速反应武器研制者很感兴趣的仿生内容。

蜘蛛灵活的腿内并无肌肉，运动全靠腿内液体压力的变化来支配，由此启发人们去研究新型液压传动装置。蜘蛛的造型是制作8条腿机器人的绝好参照（图105、图106）。

蜘蛛仿生研究已经研制出一批高科技新材料、新产品，未来发展前景更加广阔。

图106 蜘蛛造型与仿蜘蛛机器人。（A）自然界的一种高脚蜘蛛；（B）法国科学家和工程师创作的智能电子机械蜘蛛。

42. 宠物蜘蛛，魅力非凡

近年来，许多地区人工养殖蜘蛛作为宠物，发展势头很猛。蜘蛛由过去受人忽视甚至遭人厌恶变为受多方关注甚至宠爱有加的动物类群。有专门研究的机构，有喜爱观赏的"蛛迷"，有专业饲养的队伍，更有辛勤搜集的收藏家，在国际和国内都已形成了一定规模的宠物蜘蛛市场（图107）。

图107 "蛛迷"们对自己饲养的宠物蜘蛛爱不释手。

图108 超级蛛迷与自家宠物亲密接触！

人们喜爱饲养的宠物蜘蛛，主要为体形较大、色彩靓丽的捕鸟蛛和狼蛛，即大型毛蜘蛛。尽管人们知道，所有蜘蛛或多或少有毒，可能叮刺伤人，受到惊吓还会"踢毛"，毒毛一旦刺激皮肤，会让人奇痒难忍。然而，蜘蛛以其非凡的魅力——与众不同的形体美及无以伦比的超能力，令无数"蛛迷"倾倒。人们欣赏蜘蛛那毛茸茸的身体，那工艺品般的造型，那炫酷闪亮的色泽，那如狼似虎的捕食英姿（图108）。

更主要的原因是，捕鸟蛛中许多种类相当温顺，人们可以把它们放在手中并且触摸它们，这就是曾经被当作"恶魔"的捕鸟蛛当今成为宠物的原因。现在不少人家中豢养捕鸟蛛，就是因为这类蜘蛛的习性相对温顺。

蜘蛛单独饲养容易成功，有些种类不但性情温顺，而且对环境条件要求不高，只要保证食物、水分及隐蔽物三个基本条件即可。蜘蛛适应力强，耐饥饿，饲喂简单，只要不故意挑逗，不会主动攻击人，即使偶尔咬人，也少有感染的危险。而且蜘蛛喜爱清洁，让人看了赏心悦目，难怪有些"玩家"对蜘蛛爱不释手，某些宠物蜘蛛价格一路看涨。

例如，蓝宝石华丽雨林蜘蛛，是一种生活在亚洲热带雨林的树栖捕鸟蛛，由于全身高贵华丽的蓝色，早就是人气极高的品类，十分珍贵稀有。2004年在美国一只幼蛛曾卖到500美元的超高价格（图109）。这种蜘蛛由于面临滥捕滥捉的威

图109 大名鼎鼎的蓝宝石华丽雨林捕鸟蛛，有高贵的蓝白花纹，炫目的辉蓝色彩，是"蛛迷"梦寐以求的极品种类。

图110 体色艳丽的蓝牙捕鸟蛛，一身橙色软毛配以湛蓝色螯肢，光彩夺目！

胁，加之栖息地遭到严重破坏，在"一蛛难求"的情况下，被国际自然保护联盟列为极度濒危物种。近年，随着人工繁殖技术不断取得成效，这一品种逐渐得到普及，但产量有限，其价格仍然在所有宠物捕鸟蛛中数一数二。

又如，法属圭亚那蓝牙蜘蛛，原产于法属圭亚那热带雨林，同样以美艳多姿著称，最为吸引眼球的特点在于它们的螯肢为湛蓝色，加上黄绿色带有金属光泽的腹部，使之成为备受蛛迷宠爱的一种捕鸟蛛（图110）。

智利火玫瑰蜘蛛外观强健漂亮，性格温顺，属于比较易得而且好养的宠物蜘蛛。它属于地栖型，但多数不挖土做洞，而需要饲主提供一个可隐藏的洞穴。在自然界生活的个体，白天喜欢躲在阴暗的树洞或石块下栖息，夜间四处走动，寻找猎物。

参考资料

巴家文，黎道洪. 中国洞穴蜘蛛多样性及其对洞穴环境的适应 [J]. 动物分类学报，2009，34（1）：98-105.

陈义，许智芳. 无脊椎动物生活趣闻 [M]. 南京：江苏科学技术出版社，1981.

陈樟福. 蜘蛛的巢 [J]. 生物学通报，1991（12）：15-17.

法布尔. 蜘蛛的故事 [M]. 顾瑞金，译. 北京：开明书店，1951.

冯钟琪. 中国蜘蛛原色图鉴 [M]. 长沙：湖南科学技术出版社，1990.

高峰. 苹果园蜘蛛群落生态学研究 [D]. 山西农业大学论文，2003.

胡金林. 中国农林蜘蛛 [M]. 天津：天津科学技术出版社，1984.

胡金林. 中华狼蛛生态习性的初步观察 [J]. 动物学杂志，1983（4）：6-7.

蒋平. 三种生态类型蜘蛛的生物学观察及蛛丝的结构与功能研究 [D]. 四川大学论文，2003.

李枢强. 洞穴蜘蛛的多样性 [J]. 昆虫知识，2007，44（2）：228.

李淑梅，苑卉. 漫话蜘蛛[J]. 生物学通报，2011（4）：7-9.

《农田蜘蛛》编写组. 农田蜘蛛 [M]. 北京：科学出版社，1980.

林育真. 动物生态学浅说 [M]. 济南：山东科学技术出版社，1982.

林育真. 动物精英 [M]. 济南：济南出版社，2005.

林育真，付荣恕. 生态学（第二版）[M]. 北京：科学出版社，2011.

林育真，许士国. 隐秘的昆虫世界 [M]. 济南：山东教育出版社，2013.

刘明山. 蜘蛛养殖与利用技术 [M]. 北京：中国林业出版社，2005.

凌云. 奇特洞穴蜘蛛 [J]. 生命空间，2012（11）：36.

宋大祥，朱明生. 蛛网和蜘蛛的捕食策略 [C]. 中国对外学会论文集，1999.

宋大祥. 蜘蛛的行为 [J]. 生物学通报，1991（11）13-15.

宋大祥. 蜘蛛的生物学 [J]. 河北大学学报（自然科学版），2000，20（3）：209-215.

宋大祥. 蜘蛛的网和它的捕食策略 [J]. 生物学通报，2000（4）：1-3.

张志升. 常见蜘蛛野外识别手册 [M]. 重庆：重庆大学出版社，2011.

张俊霞，朱明生. 肖蛸科蜘蛛的捕食行为 [J]. 蛛形学报，2002（1）：61-64.

孙钦华. 蛛网世界 [J]. 大自然，1984（1）：45-46.

朱明生，宋大祥. 住宅常见蜘蛛 [J]. 生物学通报，1996，31（4）：11-13.

图书在版编目（CIP）数据

超能力神奇蜘蛛 / 林育真，许士国著 . —济南：
山东教育出版社，2017.9（2025.1 重印）
　　（我的科普图书馆）
　　ISBN 978-7-5328-9791-9

　　Ⅰ . ①超… 　Ⅱ . ①林… 　②许… 　Ⅲ . ①蜘蛛目—青少
年读物 　Ⅳ . ① Q959.226-49

中国版本图书馆 CIP 数据核字（2017）第 191393 号

WO DE KEPU TUSHUGUAN
CHAO NENGLI SHENGQI ZHIZHU

我的科普图书馆

超能力神奇蜘蛛

林育真　许士国　著

主管单位：山东出版传媒股份有限公司
出版发行：山东教育出版社
　　　　　地址：济南市市中区二环南路2066号4区1号　　邮编：250003
　　　　　电话：（0531）82092660　　网址：www.sjs.com.cn
印　　刷：山东华立印务有限公司
版　　次：2017 年 9 月第 1 版
印　　次：2025 年 1 月第 2 次印刷
开　　本：710 mm×1000 mm　1/16
印　　张：7.5
字　　数：145千
定　　价：35.00元

（如印装质量有问题，请与印刷厂联系调换）印厂电话：0531-76216033